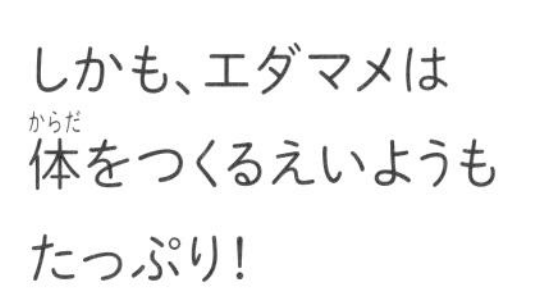

しかも、エダマメは
体をつくるえいようも
たっぷり！

家でたとえると
「ほね組」の
部分をつくる力じゃ！

さらに！
4500年前の土のうつわから
ダイズが見つかったんじゃ！
つまり、大むかしの人も
食べていたかもしれんのじゃ

エダマメは、
かんさつも楽しいよ！

よ～くかんさつしないと
見つけられないような
小さな花がさいたり……

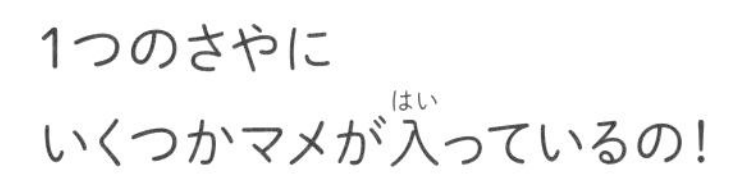

1つのさやに
いくつかマメが入っているの！

同じなえでも、さやによって
マメの数がちがうの
ふしぎでしょ

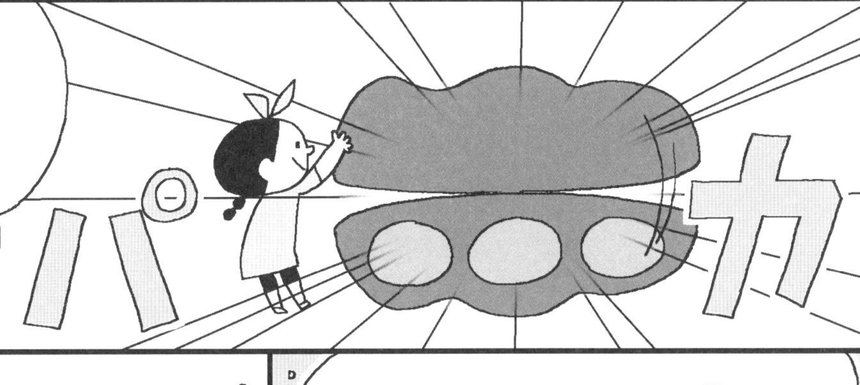

エダマメ・トウモロコシの そだて方カレンダー

エダマメもトウモロコシも、春からそだてると夏にしゅうかくできます。トウモロコシは、少し早めにしゅうかくすると水分がたっぷりになります。

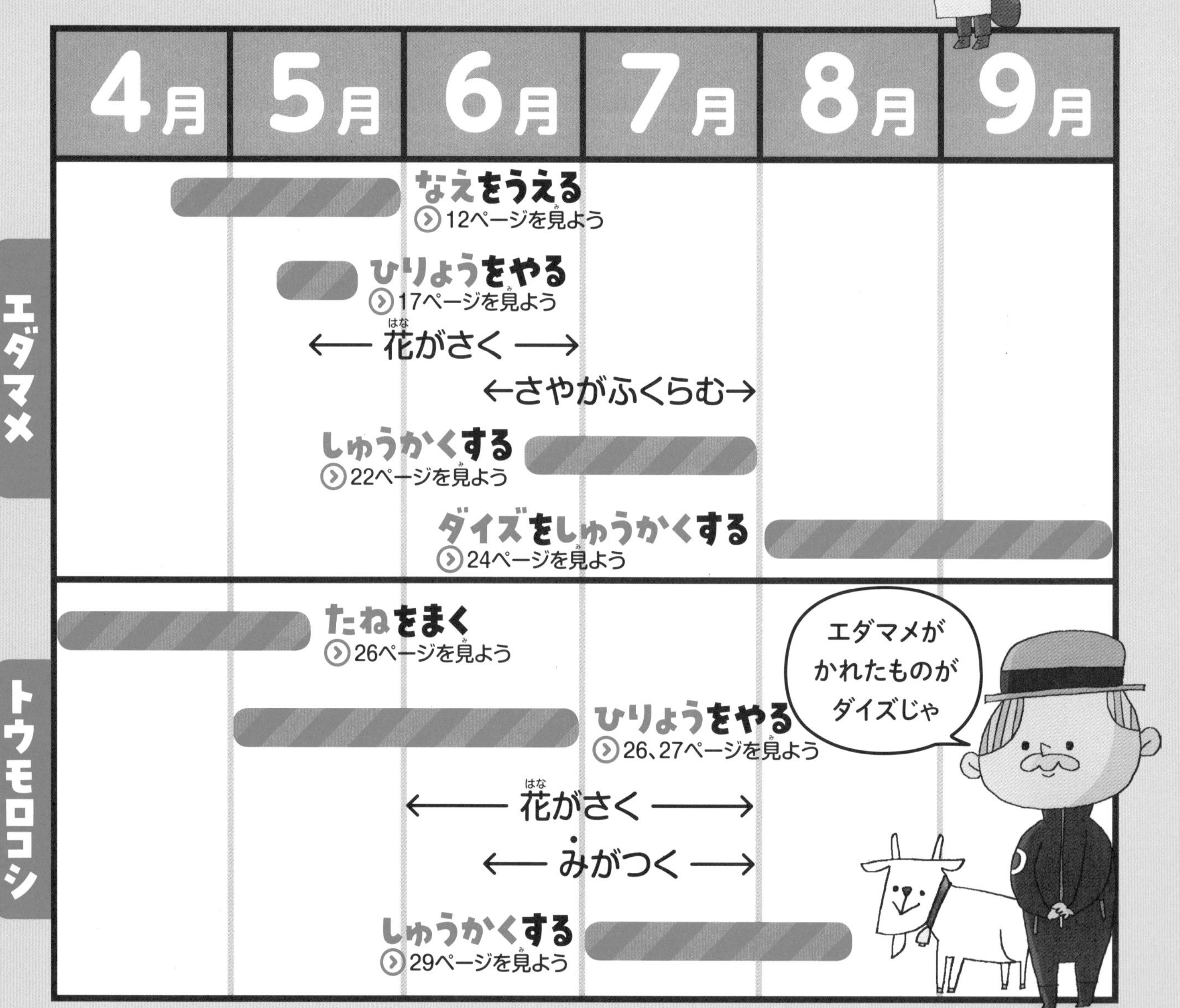

※このカレンダーは目やすです。天気や地いきによりちがうことがあります。

毎日かんさつ! ぐんぐんそだつ

はじめてのやさいづくり

5 エダマメ・トウモロコシをそだてよう

監修：塚越 覚

（千葉大学環境健康フィールド科学センター准教授）

虫やかれたはっぱは、すぐにとりのぞくのじゃ。
はっぱのうらに虫のたまごがあったら
それもとりのぞくぞ

うえてから
5週間
くらい

かれた
花の中から
小さなさやが
出てきたよ

虫が
ついていたら
すぐにとろう

30〜35㎝くらい

小さなさやがついた

20ページを見よう

うえてから
10週間
くらい

さやが
ふくらんで大きく
なった！

マメがしっかり
ふくらんだら、
しゅうかくしよう

40〜45㎝くらい

かぶごと
両手で
引きぬこう

しゅうかくしよう

22ページを見よう

うえてから
16週間
くらい

さやもはっぱも
茶色になった

かれるまで
見まもろう

水やりも
しないよ

ダイズにしてみよう

24ページを見よう

エダマメがそだつまで

どんなふうにそだつのかな？　どんなせわをするといいのかな？

スタート！
1日目

うえてから
1～2週間
くらい

うえてから
4週間
くらい

はっぱやくきはどんなようすかな？

ポットに入ったなえをプランターやはたけにうえかえよう

15～20㎝くらい

なえをうえよう

12ページを見よう

せが少し高くなった

20㎝くらい

ひりょうをやろう

はっぱがふえてきた

16ページを見よう

くきのつけねから小さな花が出てきたね

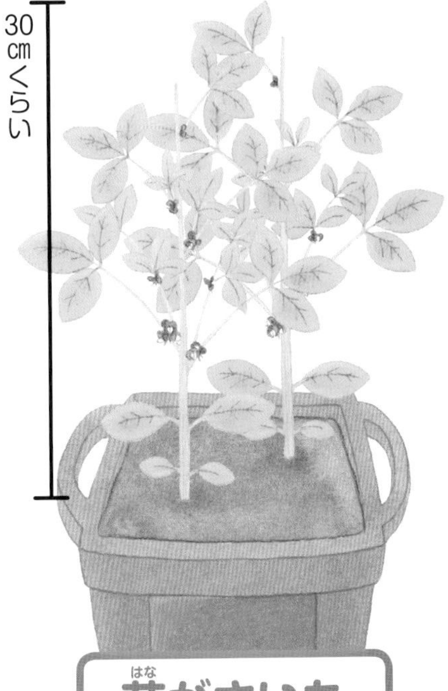

花がさいた

18ページを見よう

エダマメ・トウモロコシをそだてるには、どんなじゅんびがいるのかな？

エダマメのなえ

たねからそだてて、少しそだったもの。

プランター

植物をうえる入れもののこと。アサガオをうえたプランターをつかってもいいね。

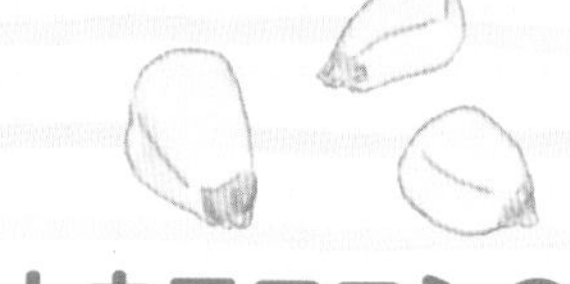

トウモロコシのたね

トウモロコシのもととなるもの。

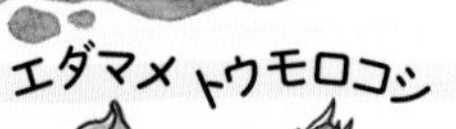

ばいよう土

よくそだつように、ひりょうなどが入っている土。やさい用をつかおう。

ひりょう

土にまくやさいのえいよう。やさいに必要な成分が入っている。

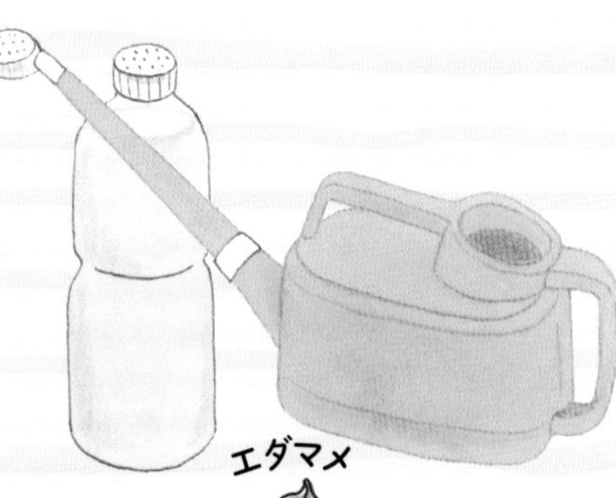

じょうろ

水やりにつかう。ペットボトルのふたに、小さなあなをあけたものでもいいよ。

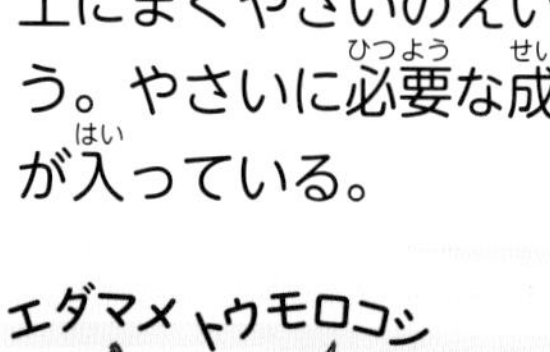

スコップ

土をすくうのにつかう。

もくじ

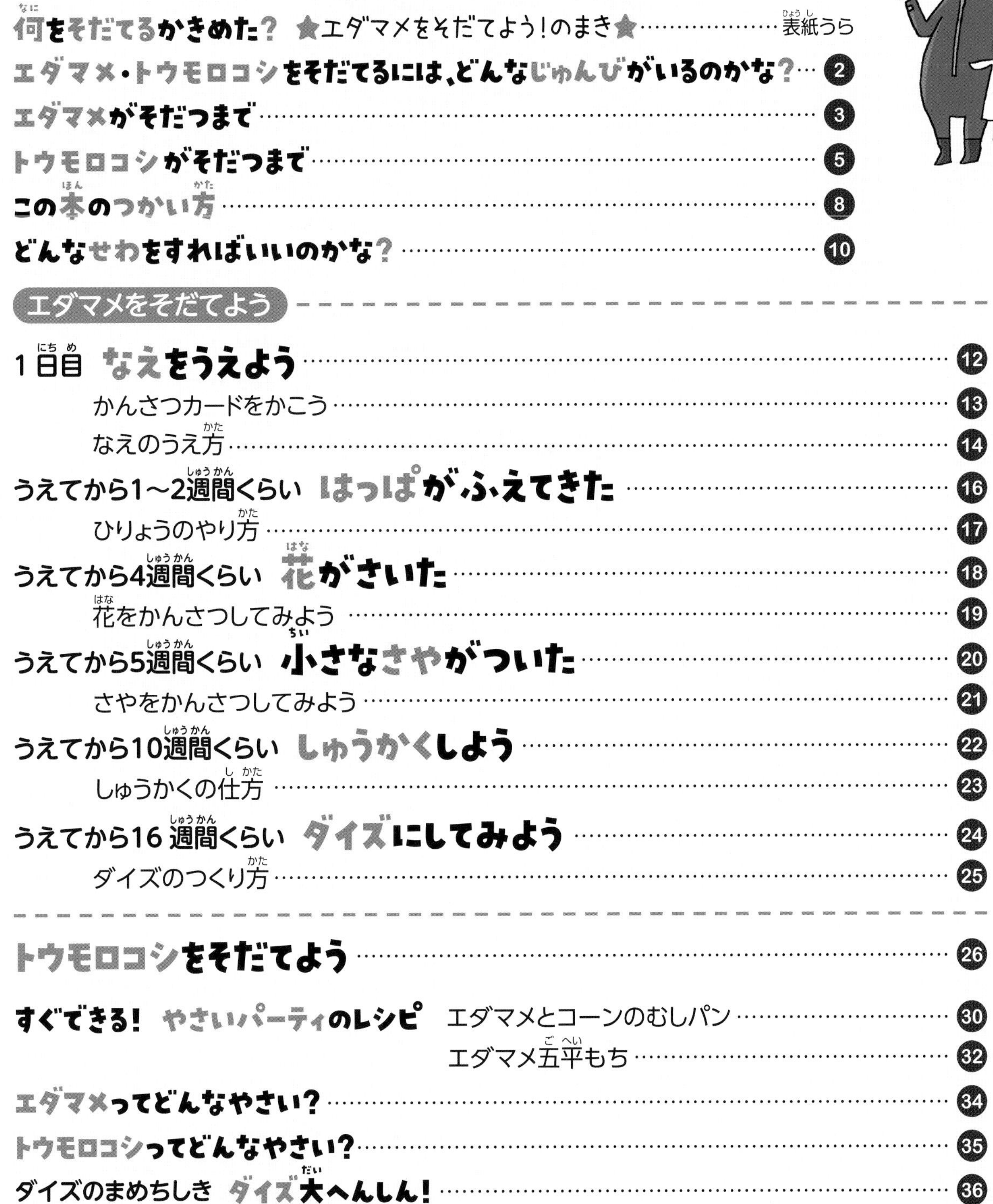

どんなせわをすればいいのかな？

エダマメとトウモロコシをそだてるときにすることを頭に入れておこう。

毎日ようすを見る

- 虫やざっ草、かれたはっぱを見つけたら、とりのぞく

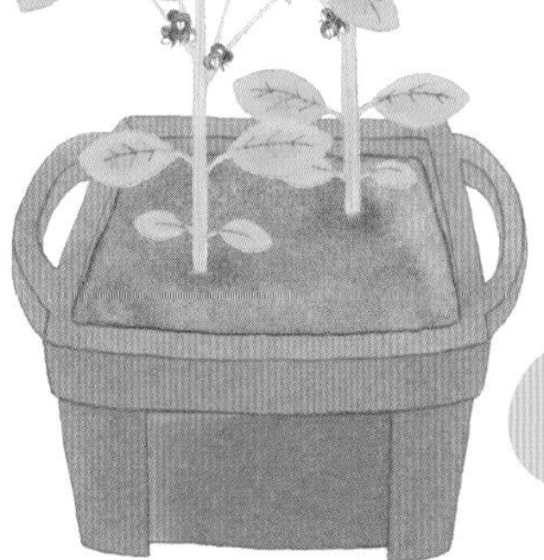

水をやる

- 土のひょうめんがかわいていたらやる
- プランターのそこからながれ出るまで、たっぷりかける
- 夏は、朝か夕方のすずしいときにやる
- はっぱやくきにかからないようにする

間引きをする

トウモロコシ

●何本か出ているなえやみの中で、元気なものをえらんでのこし、ほかのなえやみをぬくのが「間引き」

●高さが7～8cmになったときと、20～25cmになったときに間引きをします

26、28ページを見よう

ひりょうをまく

●土にまく、やさいのえいようが「ひりょう」

●エダマメは、うえてから１～２週間くらいのとき、ひりょうをまく

●トウモロコシは、高さが50cmになったときと、おばなが出るころにひりょうをまく

17、26、27ページを見よう

せわをするときに気をつけること

よごれてもいいふくをきよう

土や植物にさわるので、よごれてしまうことがあります。

おわったら手をあらおう

土がついていなくても、せわをしたら手をよくあらいましょう。

エダマメをそだてよう 1日目

なえをうえよう

小さなポットに入ったなえを、プランターやはたけにうえかえます。くきやはっぱはどんなようすか、しっかりかんさつしましょう。

くきは何cmになったかな？

はっぱはどんな形かな？

下の2まいはさいしょに出たはっぱで「子葉」というよ。

かんさつカードをかこう

気がついたことや気になったことを、どんどんかきこもう。

かんさつのポイント

① じっくり見る　大きさ、色、形などをよく見よう。はっぱはどんな色で何まいある？

② 体ぜんたいでかんじる　くきやはっぱは、つるつるしているかな、ざらざらかな？　さわったり、かおりをかいだりしてみよう。

③ くらべる　きのうとくらべてどこがちがう？　友だちのエダマメともくらべてみよう。

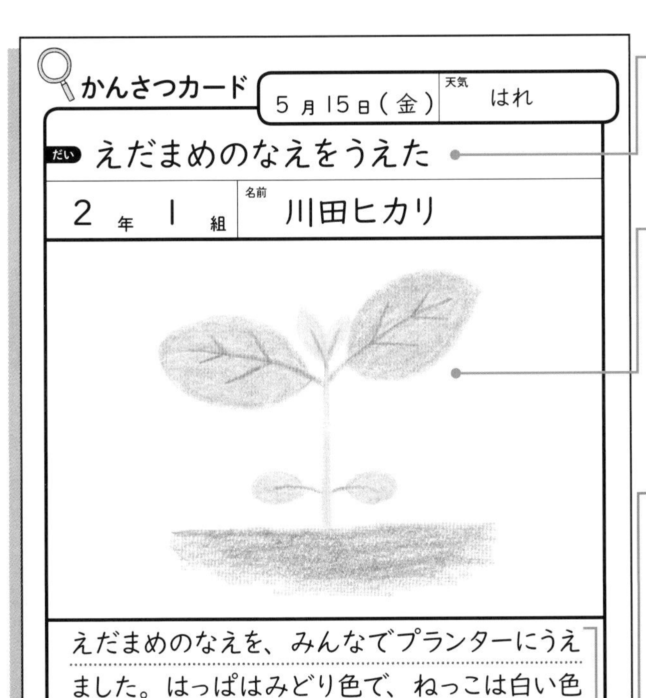

かんさつカード　5月15日（金）　天気　はれ

だい　えだまめのなえをうえた

2年　1組　名前　川田ヒカリ

えだまめのなえを、みんなでプランターにうえました。はっぱはみどり色で、ねっこは白い色でした。どのなえも下のほうにはっぱが2まいついていました。早くみがなるといいな、と思いました。

だい

見たことやしたことを、みじかくかこう。

絵

はっぱはどんな形で、どんな色をしているかなど、「かんさつポイント」を参考にしながら絵をかこう。気になったところを大きくかいてもいいね。

かんさつ文

その日にしたことや、かんさつしたことをつぎの順番でかいてみよう。

- **はじめ**　その日のようす、その日にしたこと
- **なか**　かんさつして気づいたこと、わかったこと
- **おわり**　思ったこと、気もち

この本のさいごに「かんさつカード」があります。コピーしてつかおう。

なえのうえ方

ここでは、プランターにうえる方法をしょうかいします。

1 プランターに土を入れる

スコップをつかって、プランターのそこに土（ばいよう土）を入れます。

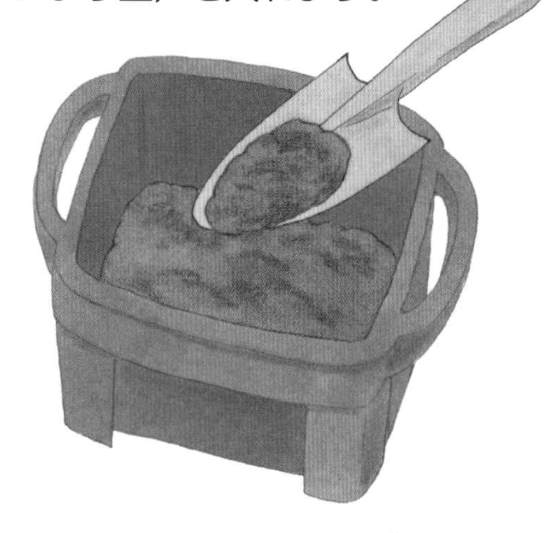

どれくらい土を入れるの？

なえをおいて、なえの土がプランターのふちから2cm下になるくらいにしよう。

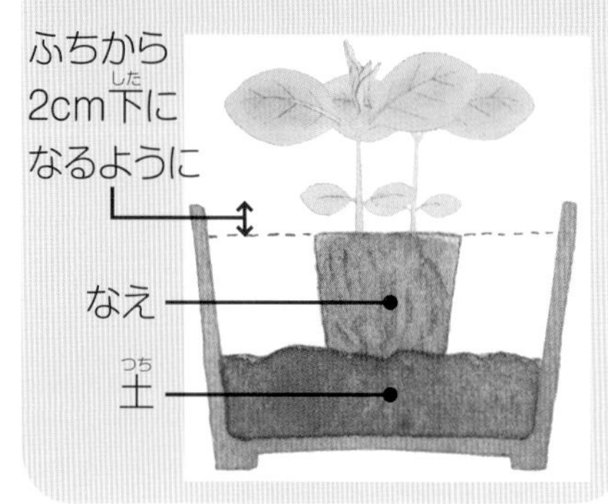

2 ポットからなえを出す

左手でポットをもち、右手でなえをうけとります。なえがおれないように、そっととり出します。

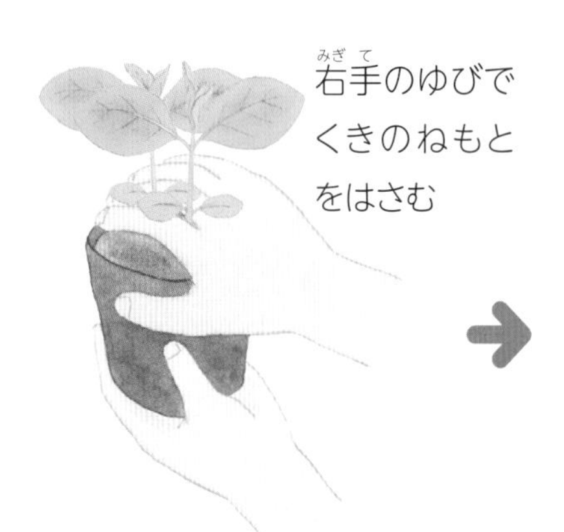

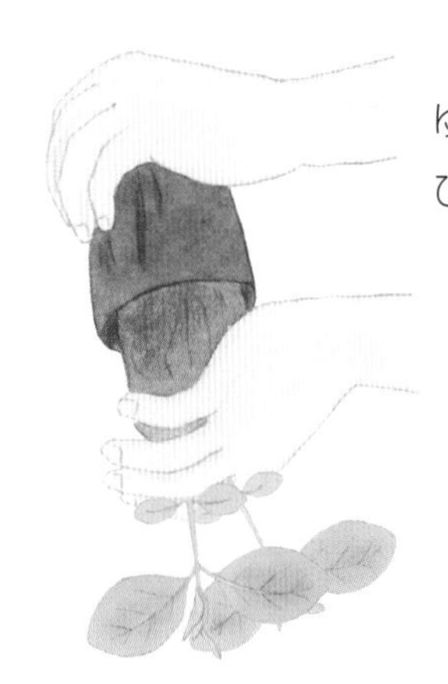

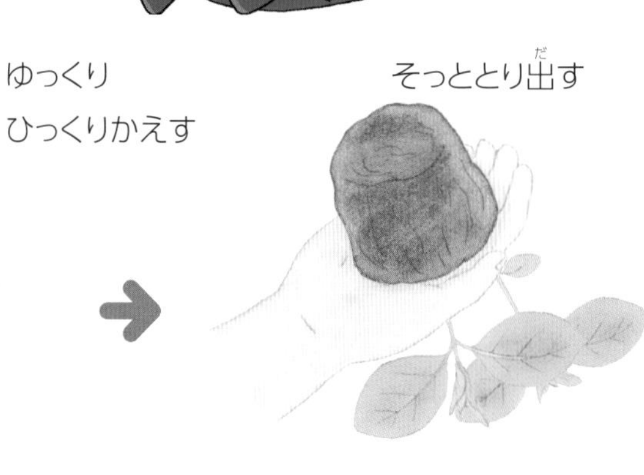

3 まん中になえをおき、さらに土を入れる

プランターになえがまっすぐに立つようにおき、まわりにスコップで土を入れます。

土の高さをそろえる

なえとまわりの土がたいらになるようにしよう。でこぼこがあると、水をやったときに水たまりになって、うまく水がいきわたらないよ。

○

×

4 水をやる

じょうろに水を入れて、はっぱやくきにかからないように気をつけながら、土の上にかけます。プランターのそこから水がながれ出てくるまで、たっぷりとかけます。

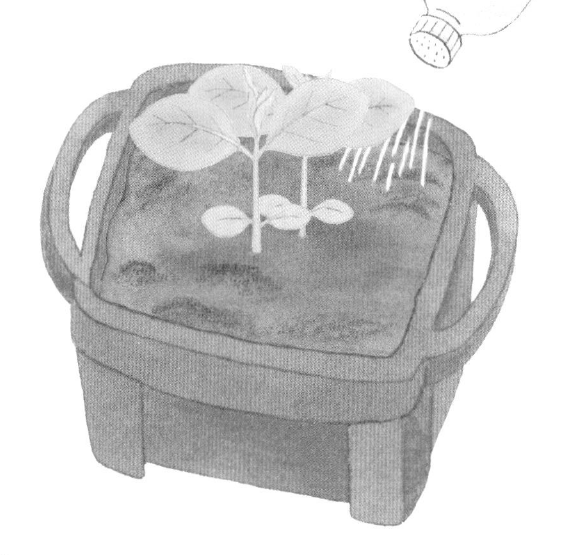

うえてから
1〜2週間(しゅうかん)
くらい

はっぱがふえてきた

せが高(たか)くなって、はっぱがふえてきました。りっぱなエダマメにするために、この時期(じき)にひりょうをやります。

ひりょうのやり方

ひりょうは、やさいのごはんです。かならずやりましょう。

1 土の上にまく

ひりょうを、くきからはなしてまき、土とかるくまぜます。

2 水をやる

プランターのそこからながれ出るまで、水をやります。水をかけると、えいようがとけて土にしみこみます。

ひりょうって何?

ひりょうには、やさいがそだつのにひつような、えいようがつまっています。「すぐにえいようになるひりょう」と、「ゆっくりえいようになるひりょう」があります。みが大きくなるときは、えいようをたくさんつかうので、すぐにえいようになるひりょうをつかいます。

うえてから
4週間くらい

くきのつけねに、小さなつぼみがついて、花がさきました。つぼみや花のようすをかんさつしましょう。

花がさいた

花は何色かな?

いくつ花がさいたかな? 数えてみよう

つぼみ

くき

がく

花の大きさはどれくらいかな?

花(はな)をかんさつしてみよう

エダマメの花(はな)はとても小(ちい)さく、さく期間(きかん)もみじかいので、見(み)のがさないようにしましょう。

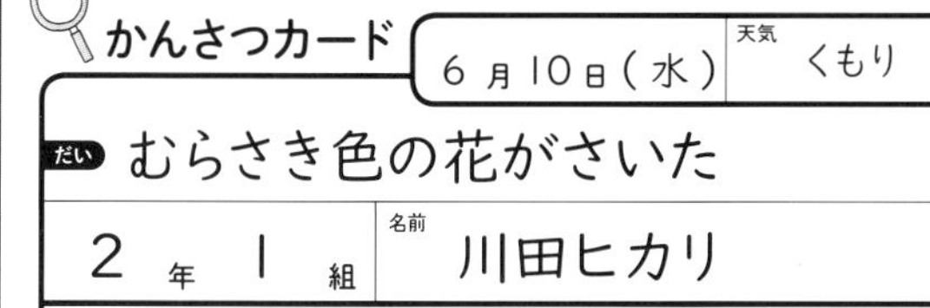

かんさつカード　6 月 10 日（水）　天気 くもり

だい　むらさき色の花がさいた

2 年 1 組　名前 川田ヒカリ

むらさき色の花がさきました。はっぱの下にかくれているのを見つけました。とっても小さくて、チョウみたいな形でした。「花がさいている時間はみじかいよ」と先生が言っていたので、見ることができてよかったです。

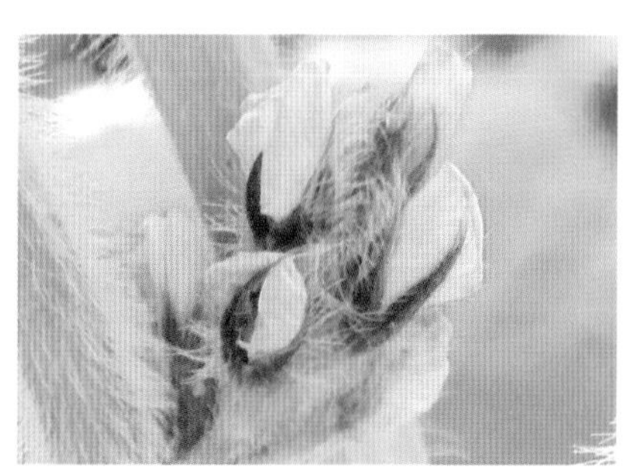

①つぼみができた

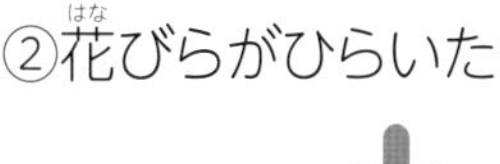

②花(はな)びらがひらいた

③花(はな)びらがぜんぶひらいた

うえてから5週間くらい

小さな「さや」がついたよ。花がさいたあと、どんなふうにさやがついたのかな？

小さなさやがついた

さやをさわってみよう

花がついていたところはどうなっている？

かれた花びら

さや

さやにはえている毛は、虫からマメをまもる役わりがあるのよ

さやをかんさつしてみよう

花がかれると、さやがついてエダマメらしくなってきました。
さやのようすをかんさつしてみましょう。

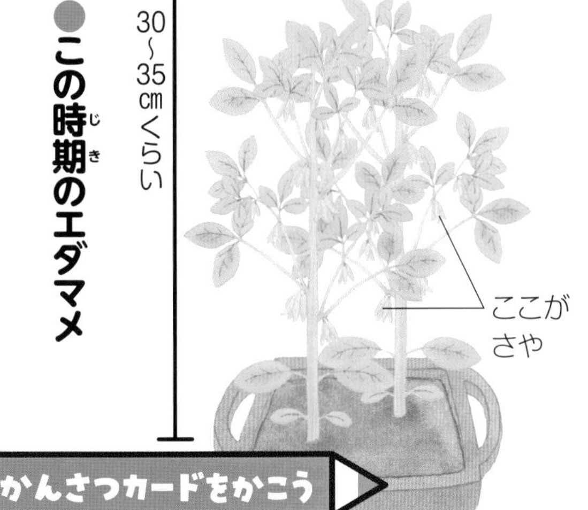

かんさつカードをかこう

かんさつカード　6月18日（木）　天気　くもり

だい　小さなさやがついた

2年　1組　名前　川田ヒカリ

花がかれると、花の中からさやが出てきました。さやにはこまかい毛がたくさんはえていて、さわるとフワフワしていました。中にマメができているのか、さわってもわかりませんでした。はやくしゅうかくしたいなと思いました。

エダマメのさや

①花がかれて、小さなさやがついた

②さやが大きくなってきた

③マメの形がはっきりわかるようになった

うえてから
10週間
くらい

しゅうかくしよう

さやがついて5週間くらいたつと、マメがしっかりふくらみます。かぶごと引きぬいて、しゅうかくしましょう。

せの高さは
どのくらいに
なったかな？

さやを指でおさえて
中のマメがとび出しそうなら
しゅうかくのタイミングじゃ

さやは、
どのくらいの長さ
になった？

しゅうかくの仕方

かぶごと引きぬいてから、えだのさやを切りはなします。

1 両手で引きぬく

両手でえだをしっかりつかんで、引きぬきます。ぬき切る前にねをゆすって、ついている土を落としましょう。

2 えだについているさやを切りはなす

えだについているさやのはしを、1つ1つはさみで切りとります。

さやの中をかんさつしてみよう

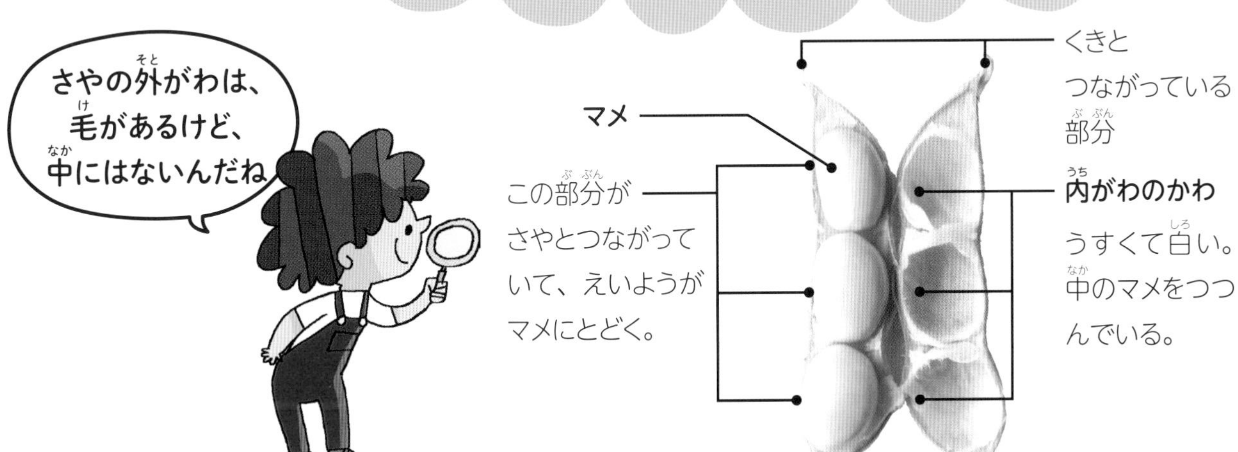

うえてから
16週間くらい

ダイズにしてみよう

しゅうかくせずにそのままにして、エダマメがかれると、中のマメがダイズになります。

ダイズのつくり方

エダマメがかれるまで見まもり、しゅうかくします。

かれるまで見まもる

エダマメをしゅうかくせずにほうっておくと、はっぱやさやがだんだん黄色くなり、6週間くらいたつと茶色にかわります。水やりをせずに、からしましょう。

両手で引きぬいて しゅうかくする

ダイズのしゅうかくの仕方は、エダマメのときと同じです。えだを両手でもって、かぶごと引きぬきます。そのあと、えだについているさやを、はさみで切りとります。

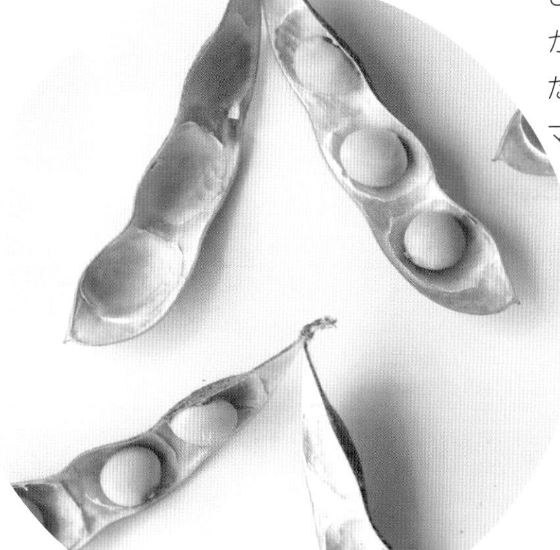

しゅうかくしたダイズ。かれて水分がなくなったため、エダマメよりマメが小さくなります。

トウモロコシをそだてよう

トウモロコシは、4 ～ 5月ころにたねをまくと、7 ～ 8月ころにしゅうかくできます。

スタート!
1日目

たねをまこう

1～2週間前に、はたけのじゅんびをします。マルチシートをはったら、1つのあなに3つぶずつたねをまきます。

1つのあなに3つぶまく

ゆび先で、2cmの深さに1つぶずつおして入れます。3つぶまいたら土をかけ、手のひらでおさえます。めが出るまでは、ぼう虫ネットをかけます。

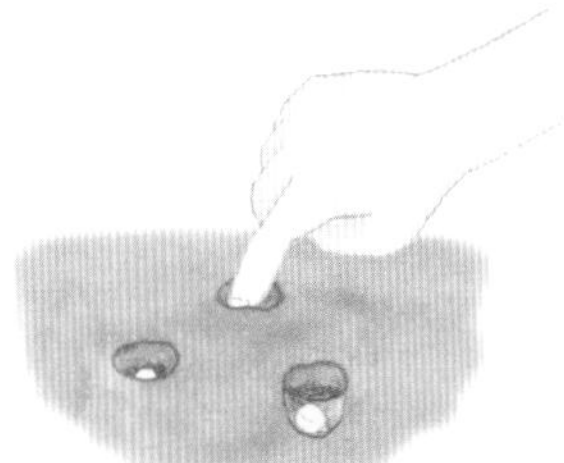

はたけのじゅんびをする

たがやした土を細長い形にととのえ、その上にマルチシートをかけます。うねは、大人につくってもらいましょう。

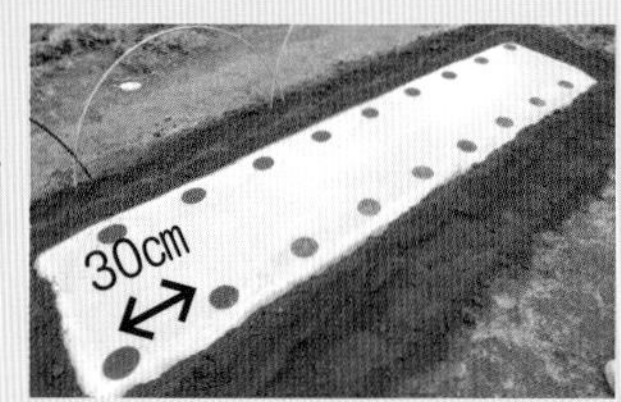

マルチシートをかけたうね

うえてから
2～4週間
くらい

間引きをしよう

元気ななえをのこして、ほかのなえをぬくことを「間引き」といいます。7～8cmのときと、20～25cmのとき、あわせて2回間引きをします。

元気のいいなえをえらび、のこりを切りとる

高さが7 ～ 8cmのとき3本を2本に、20 ～ 25cmのとき2本を1本にへらします。のこしたなえがたおれないよう、土をなえのところにあつめます。高さが50cmくらいになったら、ひりょうをまきます。

はさみで切る

うえてから
4〜5週間
くらい

おばながついた

おばながついたら、もう1回ひりょうをまきます。

ひりょうをやる

おばながついたら、マルチシートをめくって、ひりょうをまきます。

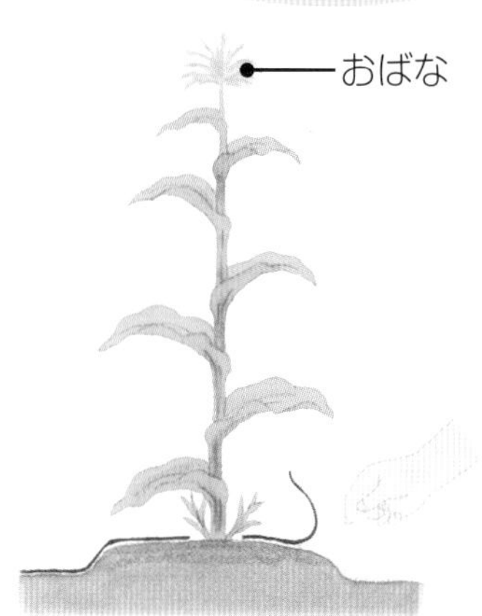

うえてから
8週間
くらい

受粉させよう

おばなの花粉がめばなにつくことを「受粉」といいます。おばながススキのようにひらいたら、受粉させましょう。

手でゆすって受粉させる

くきの上の方をもち、かるくゆらして花粉をおとします。下についているめばなのヒゲに、花粉がおちるようにします。

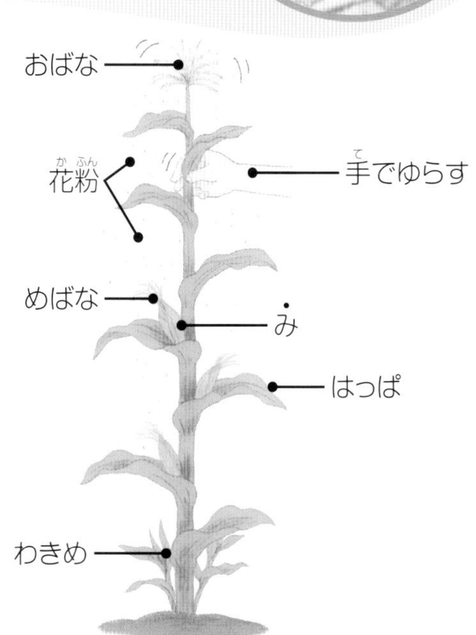

なぜ受粉させるの?

つぶのそろったトウモロコシをそだてるためです。きちんと受粉させないと、ところどころつぶがぬけたトウモロコシになります。

うえてから
9週間
くらい

みができた

いちばん上のみにえいようをあつめるために、ほかのみを小さなうちにとりのぞきます。

1 間引くみを見つける

いちばん上のみをのこし、そのほかのみはとります。みが大きくなる前に、とることが大切です。

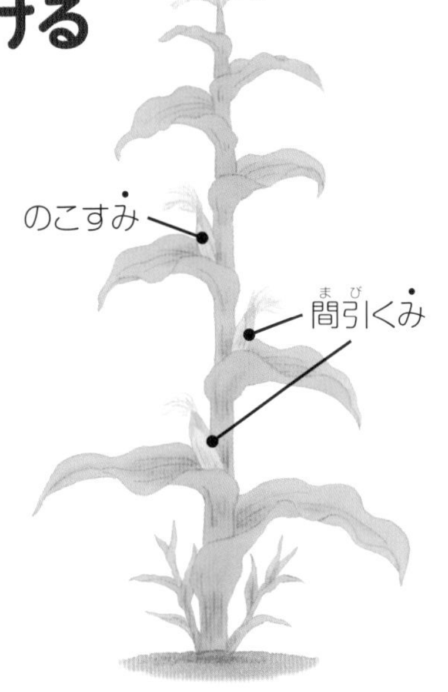

2 間引くみを手前にたおす

かた手でくきをおさえ、もうかた方の手でとりのぞくみをつかみ、くきの外がわにたおします。

小さなみがヤングコーン

まびいた小さなみはヤングコーンとして、食べることができます。ヤングコーンをよく見ると、ヒゲの1本1本が、つぶの1つぶ1つぶとつながっていることがわかります。

間引いたみのかわをむいた、ヤングコーン

つぶからのびたヒゲ

うえてから
12週間
くらい

しゅうかくしよう

ヒゲがこい茶色になったら
しゅうかくのタイミングです。

1 朝早くにしゅうかくする

受粉してから20～25日くらいして、ヒゲがこい茶色でちぢれてきたらしゅうかくしましょう。トウモロコシのみは、夜の間にあまくなるので、朝早くしゅうかくすると、あまいトウモロコシになります。

しゅうかく時期のみ

2 くきの外がわにみをたおす

手でみをしっかりとつかみ、くきの外がわにたおすととれます。時間がたつとあまみがぬけていくので、しゅうかくしたら早めに食べましょう。

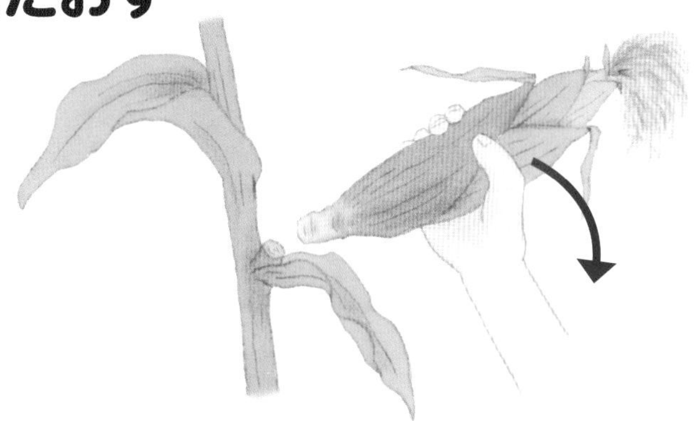

すぐできる！

やさいパーティのレシピ

しゅうかくしたエダマメで、かんたんおやつにちょうせん！

できあがり 20分くらい

エダマメとコーンのむしパン

エダマメとコーンの色どりがかわいい、ふかふかのむしパンです。

コーンのかわりにチーズを入れてもおいしいよ

マグカップなど、電子レンジでつかえるものなら何でもいいよ

ようい するもの

材料（2人分）

- □エダマメ（さやつき） 40グラム
- □ホールコーン（かんづめ） 10グラム
- □ホットケーキミックス 大さじ6
- □牛乳 大さじ3
- □しお（下ごしらえ用） 小さじ1

道具

- □はかり
- □計りょうスプーン（小さじ、大さじ）
- □小なべ
- □ざる
- □ボウル
- □スプーン
- □シリコンカップ 2こ
- □電子レンジでつかえるさら
- □ラップフィルム

◎ゆでるときは、ガスコンロをつかう
◎あたためるときは、電子レンジ（600ワット）をつかう

つくり方

1 エダマメをゆでる

エダマメを下ごしらえする。小なべに水を入れ、強火にかける。ふっとうしたら中火にして、エダマメを入れる。やわらかくなるまで10分くらいゆでる。

エダマメをざるに上げてさます。

手でさやからマメをとり出す。

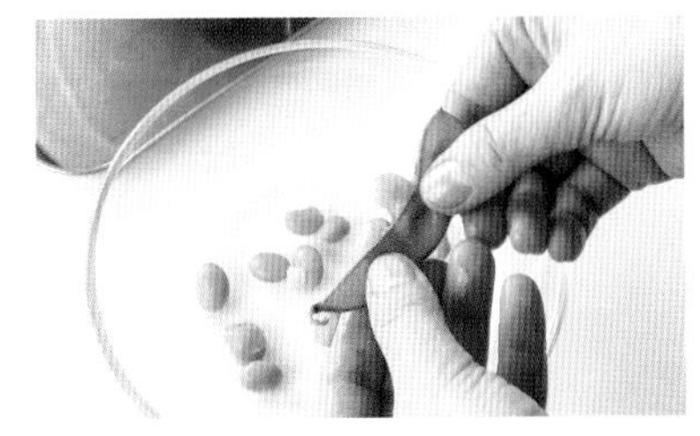

2 生地をつくり、カップに入れる

ホットケーキミックスと牛乳をボウルに入れて、スプーンでまぜる。

スプーンで、生地をシリコンカップに入れ、電子レンジのさらにのせる。

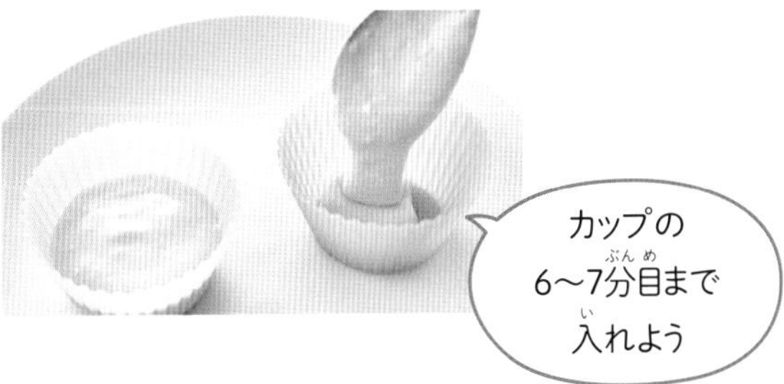

コーンをちらし、エダマメをのせる。

3 電子レンジであたためる

2にラップフィルムをふんわりとかぶせる。生地がかたまるまで、ようすを見ながら、電子レンジ（600ワット）で1分30びょうくらいあたためる。

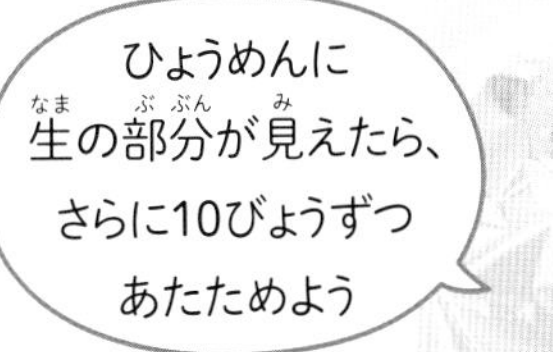

エダマメのあつかい方

下ごしらえ さやをえだから切りはなして、あらう。小さじ1のしおをまぶして手でもみ、うぶ毛やよごれをとる。

ほぞん エダマメはさやごとふくろに入れて、れいとうこでほぞんする。ゆでるときはこおったまま、湯に入れる。

※火は大人がいるときにつかおう

エダマメ五平もち

エダマメとごはんでつくるおもちです。
みそだれのあじがアクセントに！

よういするもの

材料（2人分）

- □エダマメ（さやつき）　60グラム
- □あたたかいごはん　150グラム（お茶わん1ぱい分）
- □しお（下ごしらえ用）　小さじ1

たれの材料

- □みそ、みりん　それぞれ小さじ2分の1
- □ごまあぶら　小さじ4分の1

道具

- □はかり
- □計りょうスプーン（小さじ）
- □小なべ
- □ざる
- □ジッパーつきほぞんぶくろ（ポリぶくろでもよい）
- □ぬきがた（7㎝くらい）
- □アルミホイル
- □ボウル（小）
- □スプーン

◎ゆでるときは、ガスコンロをつかう
◎やくときは、トースター（1000ワット）をつかう

つくり方

1 エダマメをゆでる

エダマメを下ごしらえする。小なべに水を入れ、強火にかける。ふっとうしたら中火にして、エダマメを入れる。やわらかくなるまで10分くらいゆでる。

エダマメをざるに上げてさまし、手でさやからマメをとり出す。

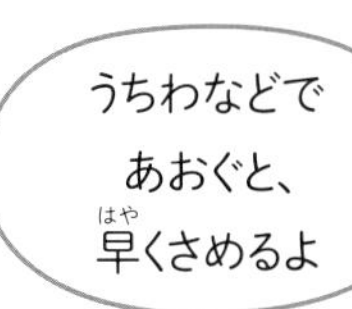

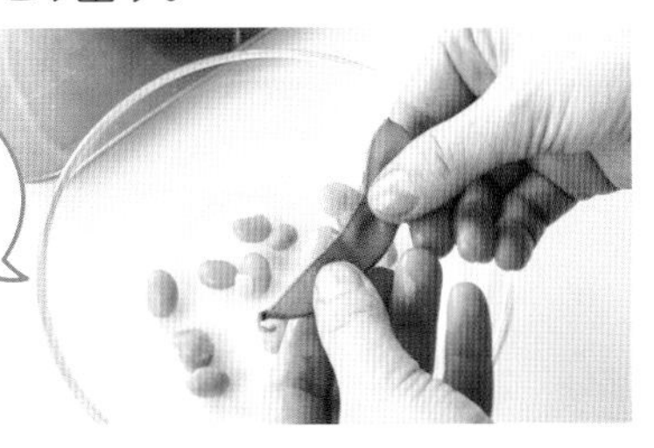

2 エダマメをつぶしてまぜる

1のエダマメをジッパーつきほぞんぶくろに入れて、ゆびで1つぶずつつぶす。

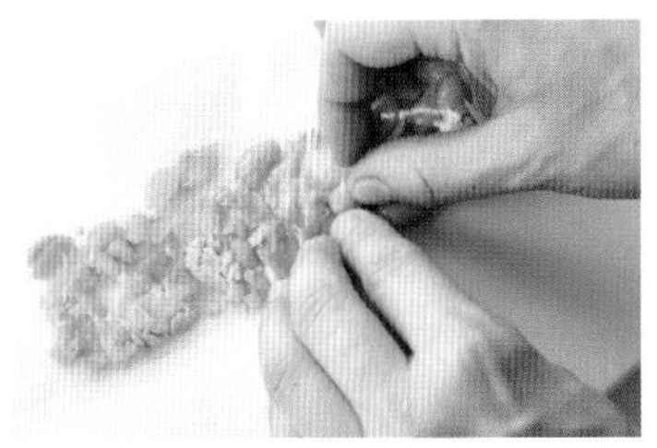

ふくろにごはんをくわえ、エダマメとまぜながら、ごはんつぶもつぶす。

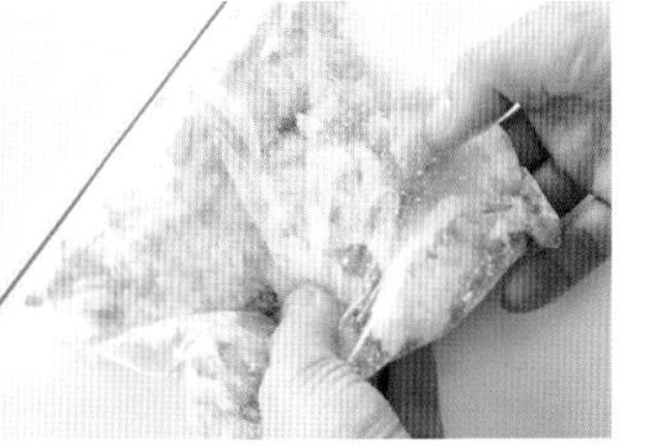

3 形をつくる

ぬきがたは水でぬらしておく。2を4等分にして、スプーンでぬきがたにつめる。

トースターの天板に
アルミホイルを
しいておくと、
ごはんが
くっつかないよ

ゆびで広げて形ができたら、かたをはずす。

4 たれをつくる

ボウルにみそ、みりん、ごまあぶらを入れ、スプーンでまぜる。

5 たれをぬって、やく

3のひょうめんに、4のたれをスプーンでぬる。

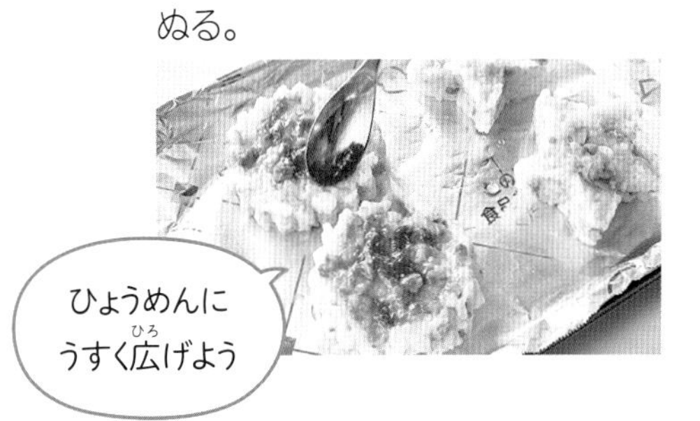

トースター（1000ワット）で、うすくこげ目がつくまで6分くらいやく。

※火は大人がいるときにつかおう

エダマメって どんなやさい？

エダマメはどこで生まれたの？ どんな種類があるの？
みんなのぎもんをやさい名人に聞いてみよう。

エダマメはどこで生まれたの？

中国で生まれたんじゃ

エダマメ（ダイズ）は、中国で生まれたといわれています。大むかしの人たちも食べていました。日本につたわったのは、縄文時代だと考えられていて、ダイズの入った土でできたうつわも見つかっています。また、奈良時代の本にも、ダイズについてかかれています。
「エダマメ」とよばれるようになったのは、江戸時代からです。えだにマメをつけたまま売る「エダマメ売り」が江戸の町にやって来たことがきっかけです。京都や大阪では、えだからとって売っていたので、「さやまめ」とよばれていました。

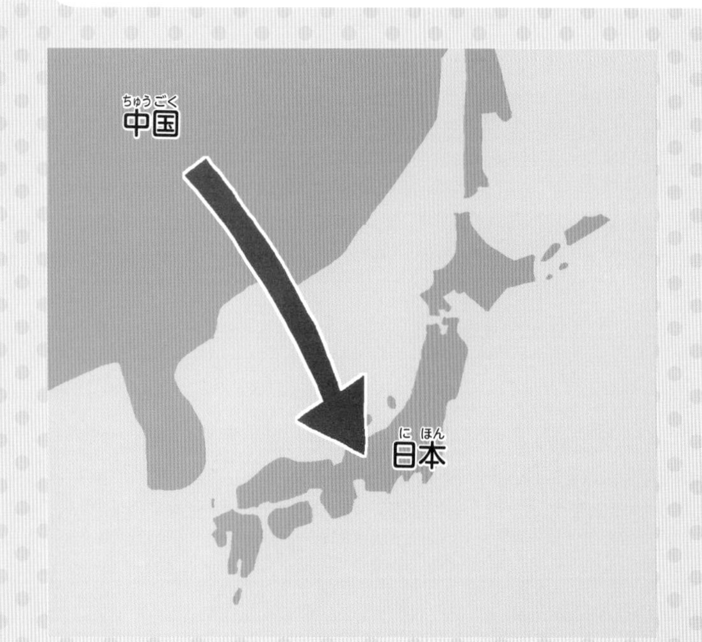

縄文時代の、土でできたうつわ。
このうつわのとっ手から、
ダイズのあとが見つかりました。

エダマメにも種類があるの?

およそ400種類もあるぞ!

エダマメは、およそ400種類あり、大きく3つにわけることができます。マメがみどり色の「青豆」、マメに茶色っぽいうすかわがついている「茶豆」、マメのうすかわがうっすら黒い「黒豆」です。見た目だけでなく、かおりやあじもちがいます。

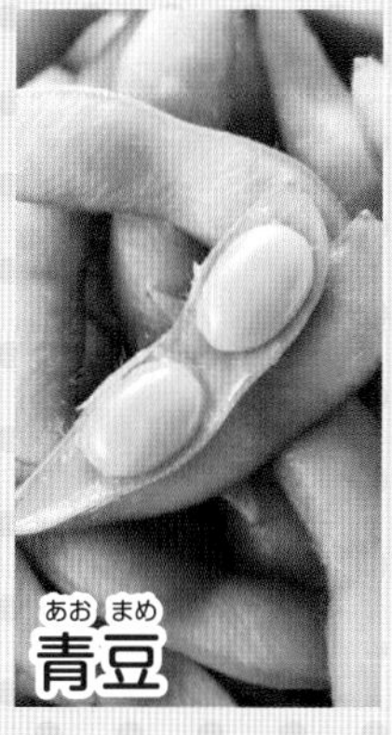

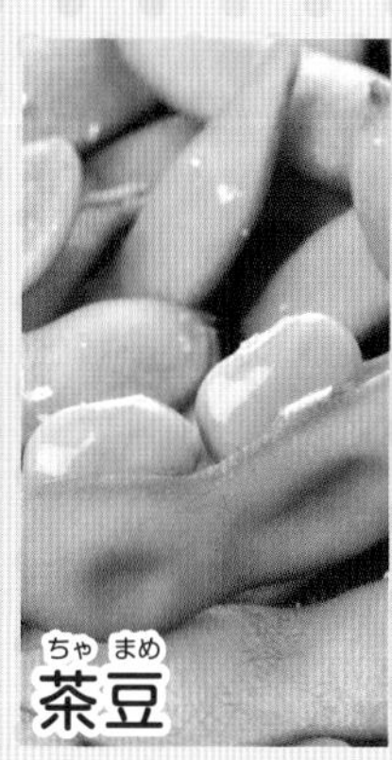

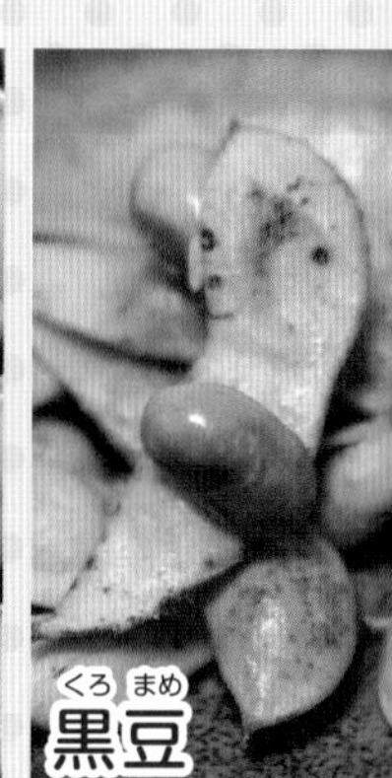

節分でマメをまくのはどうして?

マメには「まよけ」の力があるといわれておる

2月の節分は、わるいオニにマメをぶつけて、おいはらう行事。マメには、オニをやっつける「まよけ」の力があるとしんじられていたのです。むかし、オニが出たときに、ダイズをオニの目になげつけてやっつけたという伝説があり、そこから、マメが「まよけ」につかわれるようになったとも、いわれています。

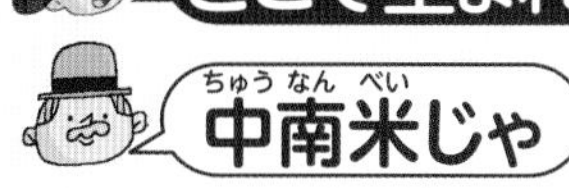

トウモロコシってどんなやさい?

どこで生まれたの?

中南米じゃ

メキシコなどの中部アメリカから南米にかけて、しぜんに生えていた植物といわれています。メキシコでは、むかしからトウモロコシを主食として食べています。

いつ日本にきたの?

安土桃山時代じゃ

1570年代、ポルトガル人が日本にもちこんだといわれています。その後、明治時代に、こんどはアメリカからつたわり、日本でもそだてはじめました。

ポップコーンもトウモロコシ?

ポップ種というトウモロコシじゃ

ポップコーンにつかわれているのは、ポップ種という種類のトウモロコシです。火にかけると、かたいかわがやぶれてポップコーンになります。

ダイズのまめちしき

ダイズ大へんしん！

ダイズはさまざまな形にかえられて、わたしたちの食生活にとり入れられてきました。

ダイズはさまざまな料理につかわれます。ダイズを水につけてやわらかくし、にてあじをつけた「にまめ」もダイズ料理のひとつです。

ダイズはいろいろな食べものになる、おもしろいマメです。にたり、むしたりして、ぱっと見ただけではダイズとは思えないような食べものや、調味料になります。わたしたちの食事にかかせないものばかりですが、みなさんはどれくらい知っていますか。

ダイズからできるいろいろな食べもの

こんなとき、どうするの?

そだてているエダマメやトウモロコシのようすがおかしいと思ったら、ここを見てね。すぐに手当てをしましょう。

エダマメ

はっぱやくきに元気がない!

カメムシのしわざかも?

カメムシは、くきやはっぱから、しるをすって、エダマメを弱らせてしまいます。みのしるをすわれると、マメがにがくなって食べられなくなってしまいます。見つけたらおいはらいましょう。

エダマメ

さやが太らない!

水が足りません。

さやが小さいときなら、水をやることでさやが太ります。あつくて土がかわきやすい時期は、多めに水をやりましょう。1日に2回、朝と夕方にします。さやが大きくなってから太らない場合は、水をやっても手おくれなので、あきらめます。上の方に小さなさやがある場合は、そのさやを太らせるために、水をたくさんやりましょう。

エダマメ

はっぱにあながあいてる!

ヒメコガネがはっぱを食べているのかもしれません。

ヒメコガネは、いろいろなやさいのはっぱを食べる虫です。エダマメも、ヒメコガネが好きなやさいのひとつです。昼間はとばないので、はっぱからおとしてとりのぞきましょう。

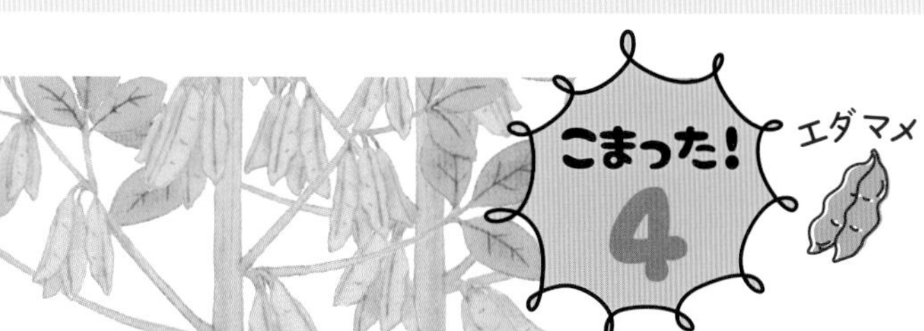

こまった! 4

エダマメ

下のはっぱが黄色くなっちゃった!

しゅうかくのしるしです。

病気ではなく、しゅうかくのしるしなので、大じょうぶです。さやが大きくなって、下のはっぱから黄色くなってきたらしゅうかくしましょう!

エダマメ

はっぱがちぢれてしまった!

はんにんはアブラムシです。

くきやはっぱにたくさんの小さな虫があつまっていませんか? それはアブラムシです。アブラムシが病気のもとをはこんできます。アブラムシをとりのぞいて、ちぢれたはっぱをとりのぞきましょう。

くきが かれてきた！

ネキリムシかもしれません。

ネキリムシは虫のよう虫で、くきを食べてやさいをからしてしまいます。くきの下の方にかじったあとがあれば、ネキリムシがいるしるしです。昼間は土の中にいるので、やさいのまわりの土を少しほりかえしてみましょう。見つけたら、つまんでとりのぞきます。

こまった！ 7 トウモロコシ

ねもとのくきは、とったほうがいいの？

とらずにのこしましょう。

トウモロコシのねもとにあるくきは、「わきめ」といいます。わきめがあることで、なえがたおれにくくなるなど、いいことがあります。わきめは切らずにそだてましょう。

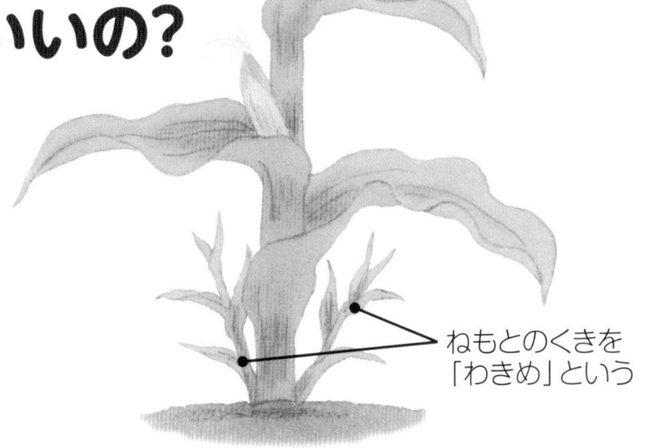

こまった！ 8 トウモロコシ

みが食べられちゃった！

虫が食べたのかも。

アワノメイガのよう虫が食べたのかもしれません。アワノメイガのよう虫は、おばなにあなをあけて入りこみ、くきやみを食べてしまいます。食べたあとを見つけたら、すぐにその部分ごと切りとりましょう。

●監修
塚越 覚（つかごし・さとる）
千葉大学環境健康フィールド科学センター准教授

●栽培協力
加藤正明（かとう・まさあき）
東京都練馬区農業体験農園「百匁の里」園主

●料理
中村美穂（なかむら・みほ）
管理栄養士、フードコーディネーター

●デザイン 山口秀昭（Studio Flavor）
●キャラクターイラスト・まんが・挿絵 イクタケマコト
●植物・栽培イラスト 小春あや
●栽培写真 渡辺七奈
●表紙・料理写真 宗田育子
●料理スタイリング 二野宮友紀子
●DTP 有限会社ゼスト
●編集 株式会社スリーシーズン
（奈田和子、土屋まり子、小林未季）

◆写真協力
山梨県立考古博物館、
ピクスタ、フォトライブラリー

毎日かんさつ！ ぐんぐんそだつ
はじめてのやさいづくり
5 エダマメ・トウモロコシをそだてよう

発行 2020年４月 第１刷
　　　2024年10月 第２刷

監　修 塚越 覚
発行者 加藤裕樹
編　集 柾屋洋子
発行所 株式会社ポプラ社
〒141-8210 東京都品川区西五反田3-5-8
ホームページ www.poplar.co.jp
印　刷 今井印刷株式会社
製　本 大村製本株式会社

ISBN978-4-591-16508-9
N.D.C.616 39p 27cm
Printed in Japan
P7216005

●落丁・乱丁本はお取り替えいたします。
ホームページ（www.poplar.co.jp）のお問い合わせ一覧よりご連絡ください。

毎日かんさつ！ ぐんぐんそだつ

はじめてのやさいづくり

全8巻

監修：塚越 覚（千葉大学環境健康フィールド科学センター准教授）

1 ミニトマトをそだてよう

2 ナスをそだてよう

3 キュウリをそだてよう

4 ピーマン・オクラをそだてよう

5 エダマメ・トウモロコシをそだてよう

6 ヘチマ・ゴーヤをそだてよう

7 ジャガイモ・サツマイモをそだてよう

8 冬やさい（ダイコン・カブ・コマツナ）をそだてよう

小学校低学年～高学年向き

N.D.C.626（5巻のみ616） 各39ページ A4変型判 オールカラー
図書館用特別堅牢製本図書

おしえて！かんさつカードのかき方

1. **じっくり見る**　大きさ、色、形などをよく見よう。
2. **体ぜんたいでかんじる**　さわったり、かおりをかいだりしてみよう。
3. **くらべる**　きのうのようすや、友だちのエダマメともくらべてみよう。

＠右ページの「かんさつカード」をコピーしてつかおう。

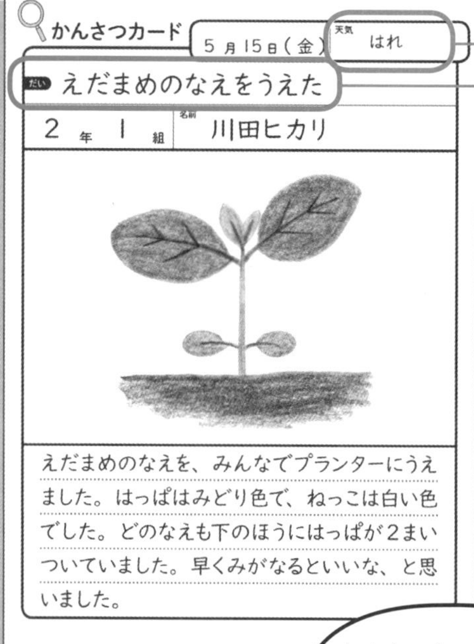

かんさつカード　5月15日（金）　天気　はれ

だい　えだまめのなえをうえた

2年　1組　名前　川田ヒカリ

えだまめのなえを、みんなでプランターにうえました。はっぱはみどり色で、ねっこは白い色でした。どのなえも下のほうにはっぱが2まいついていました。早くみがなるといいな、と思いました。

天気

マークでかいたり、気温をかいたりするのもいいね。

だい

見たことやしたことを、みじかくかこう。

かんさつカードで記録しておけば、どんなふうに大きくなったかよくわかるワン！

かんさつカード　6月10日（水）　天気　くもり

だい　むらさき色の花がさいた

2年　1組　名前　川田ヒカリ

むらさき色の花がさきました。はっぱの下にかくれているのを見つけました。とっても小さくて、チョウみたいな形でした。「花がさいている時間はみじかいよ」と先生が言っていたので、見ることができてよかったです。

はっぱ・花・みの形や色はどんなかな？よく見て絵をかこう。気になったところを大きくかいてもいいね。

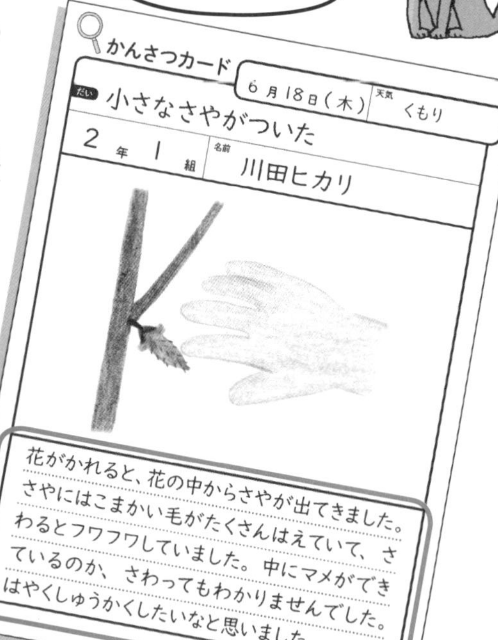

かんさつカード　6月18日（木）　天気　くもり

だい　小さなさやがついた

2年　1組　名前　川田ヒカリ

花がかれると、花の中からさやが出てきました。さやにはこまかい毛がたくさんはえていて、さわるとフワフワしていました。中にマメができているのか、さわってもわかりませんでした。はやくしゅうかくしたいなと思いました。

かんさつ文

その日にしたことや、気がついたことをつぎの順番でかいてみよう。

- **はじめ**　その日のようす、その日にしたこと
- **なか**　かんさつして気づいたこと、わかったこと
- **おわり**　思ったこと、気もち

ピンとくる仕事や先輩を見つけたら、巻末のワークシートを記入用に何枚かコピーして、
手もとに置きながら読み進めてみましょう。

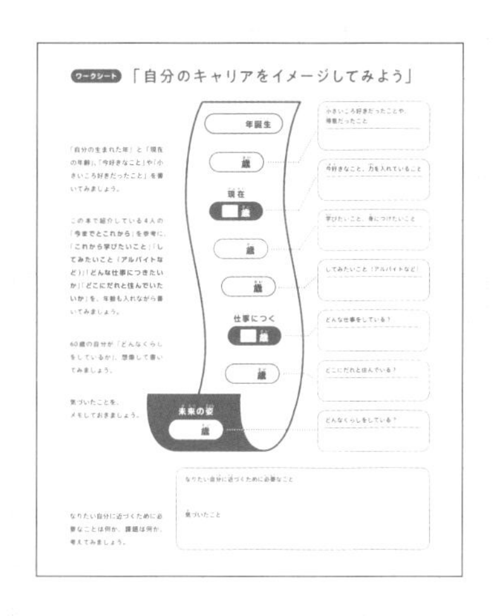
ワークシート「自分のキャリアをイメージしてみよう」

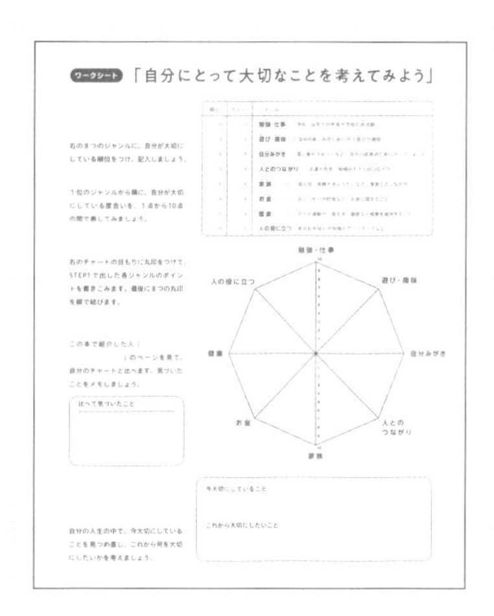
ワークシート「自分にとって大切なことを考えてみよう」

このワークシートは、自分の未来を想像しながら、
自分が今いる場所を確認するための、強力なツールです。

STEP1から順にこのワークに取り組むと、
「自分の得意なこと」や「大切にしていること」が明確になり、
思わぬ気づきがあるでしょう。

そして、気づいたことや思いついたことは、
何でもメモする習慣をつけるようにしてみてください。

迷ったとき、くじけそうなとき、記入したワークシートやメモをふりかえれば、
きっと、本来の自分を取り戻し、新たな気持ちで前へと進んでいけるでしょう。

さあ、わくわくしながら、自分の未来を想像する旅に出かけましょう。

ボンボヤージュ、よい旅を！

ジブン未来図鑑編集部

職場体験完全ガイド＋

ジブン未来図鑑

キャラクター紹介

「助けるのが好き！」
「スポーツが好き！」「食べるのが好き！」

メインキャラクター

ケンタ

KENTA

参謀タイプ。世話好き。
怒るとこわい。食べるのが好き。

「自然が好き！」
「子どもが好き！」「動物が好き！」

メインキャラクター

アンナ

ANNA

ムードメーカー。友達が多い。
楽観的だけど心配性。

「ホラーが好き！」
「医療が好き！」「おしゃれが好き！」

メインキャラクター

ユウ

YŪ

人見知り。ミステリアス。
独特のセンスを持っている。

「アートが好き！」
「アニメが好き！」「演じるのが好き！」

メインキャラクター

カレン

KAREN

リーダー気質。競争心が強い。
身体を動かすのが好き。

「旅が好き！」
「宇宙が好き！」「デジタルが好き！」

メインキャラクター

ダイキ

DAIKI

ゲームが得意。アイドルが好き。
集中力がある。

職場体験完全ガイド＋

ジブン未来図鑑

JIBUN MIRAI ZUKAN

12

自然が好き！

農家

バイオテクノロジー研究者

林業従事者

建築家

CONTENTS

ジブン未来図鑑 職場体験完全ガイド＋

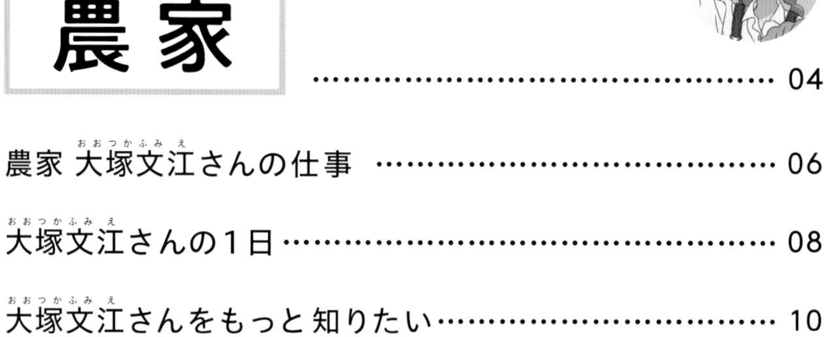

MIRAI ZUKAN 01

農家

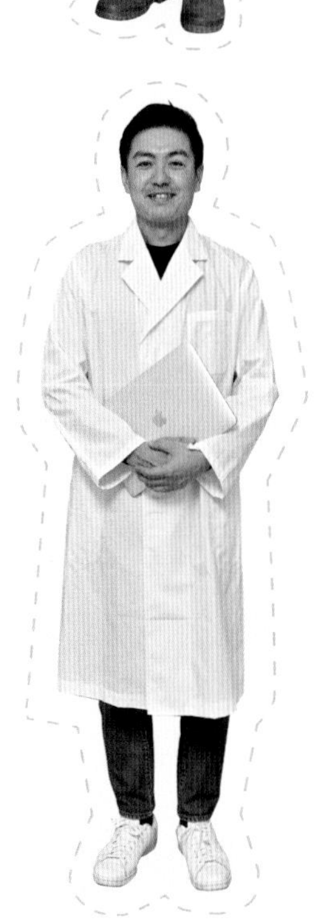

MIRAI ZUKAN 02

バイオテクノロジー研究者

MIRAI ZUKAN 03

林業従事者（じゅうじしゃ）

MIRAI ZUKAN 04

建築家（けんちくか）

ジブン未来図鑑 番外編

FARMER

農家

どんな仕事があるの？

どんな学校で勉強したらいい？

農家の子どもしかなれない？

体力がないとできない？

農家ってどんなお仕事？

農家は、田畑を耕して農作物を栽培し、商品として出荷・販売するのが主な仕事です。農家には、米や麦をあつかう稲作農家、野菜を育てる畑作農家、果物を育てる果樹農家、花の栽培や鉢植えを手がける花卉農家などがあります。どの農家にも共通して、農作物に適した土づくり、田植えや種植え、肥料やり、雑草の除去、病害虫の駆除、ビニールハウスの管理や農具などの手入れ、そして収穫・出荷などの作業があります。自然を相手にする仕事なので、台風や大雨、積雪などの自然災害や気候の変化への対策も必要です。寒さや病気に強い種への品種改良や肥料の研究などを行う農家もあります。ほかの仕事をしながら農家を営む兼業農家の形で仕事をする人もいます。

給与

（※目安）

25万円くらい～

つくる農作物や規模、栽培方法、はたらき方などによって異なります。ハウス栽培やインターネット販売などで高収益を上げている農家もあります。

※既刊シリーズの取材・調査に基づく

農家になるために

ステップ1 農業系の高校、大学、専門学校で学ぶ

稲作や畑作物、野菜、果樹、花卉などの科目があり、各分野の専門的な知識や技術を学ぶ。

ステップ2 農業法人などに就職し、経験を積む

農家の後継者として仕事をしたり、新規で農業をはじめたりして、技術を習得する。

ステップ3 農家として独立する

農業をはじめる場合、作物選びや資金の準備、農地の確保、経営スキルなども必須。

こんな人が向いている！

- 植物を育てるのが好き。
- 忍耐力がある。
- 体力がある。
- ものづくりが好き。
- 計画性がある。

もっと知りたい

家業を継いで農家になる場合も、農業系の学校で学ぶのが一般的です。はたらいてからも栽培技術、農業経営の知識を習得するために、農林水産省が支援する農業を志す人の学校に通ったり、農業大学が行うインターンシップを利用したりする人もいます。

農家
大塚文江さんの仕事

前年に発酵させた落ち葉でつくった腐葉土をポリポットに入れ、苗を育てる準備をします。

ていねいに土をつくり
じょうぶな苗を育てて販売

大塚さんは、夫の佳延さんとそのお父さんと一緒に、いろいろな野菜の苗（芽を出したばかりのもの）や野菜をつくっている農家です。苗は「大塚なえや」の名前で家庭菜園用に販売しています。健康でじょうぶな苗だと人気が高く、販売時期には行列ができます。

苗づくりはまず、12月に落ち葉を集めるところからはじまります。大塚さんたちは、ほぼ1か月、毎日のように契約している雑木林から落ち葉を集めてきて、7棟のビニールハウスの中に敷きつめます。そこに米ぬかや水などをまぜ、足でしっかり踏むと発酵がはじまり、熱が出てきます。この場所を「踏み込み温床」といい、ここで苗を成長させるのです。踏み込み温床は、苗を育てるタイミングに合わせて1棟ずつつくります。

次に、培養土（肥料などをまぜた土）を入れた小型トレイに苗の種を1つぶずつ植え、電気で温めた床に置いて発芽させます。野菜によって発芽する期間や、苗に育つまでの期間がちがいます。20種類の夏野菜の種を、販売時期に合わせて順次植えていきます。ナスは20～25度など、作物によって発芽温度が異なるので、温度の調節を行います。種まきと並行して行うのが、苗を育てるためのポリポットに腐葉土をつめておく作業です。腐葉土は、前年に踏み込み温床で発酵させた落ち葉でつくっておきます。

2月に入ると、発芽した苗の植えかえ作業をします。大塚さんは、踏み込み温床の上に腐葉土を入れたポリポット（育苗ポット）をならべ、苗を1つずつポリポットに植えかえていきます。しゃがんだ姿勢で長時間行うため、腰の負担にならないよう発泡スチロール製のいすにすわりながら行います。植えかえられた苗は、踏み込み温床の上で大きく育ちます。育ちすぎるとひょろひょろした苗になってしまうので、3月には育苗ポットを温床のない別のビニールハウスに移して熱をとります。4月になると出荷の準備です。生育状態のよくないものをとりのぞくなどして、自宅で直接販売する苗と、出荷する苗とに分けます。

こうしてできた夏野菜の苗は、家庭菜園ですぐ植えられるように、4月下旬から5月にかけて販売をはじめます。ほかの店より時期を遅らせて販売するので、その分太くてがっしりとした苗に育っています。苗づくりは手間がとてもかかりますが、手をかけただけよい苗ができます。お客さまからも、植えたあとの成育がよくて早く収穫ができると喜ばれています。

踏み込み温床の上に育苗ポットが入ったかごをならべたあと、苗を1つずつ手作業で植えかえます。

畑ではネギ、ブロッコリーなどの冬野菜を中心に栽培。お店にはあまりならばない、規格より大きい野菜をつくっています。

お客さまの要望にこたえ
規格より大きい野菜を栽培

大塚さんたちは、畑で夏野菜のキュウリ、冬野菜のネギ、ブロッコリー、キャベツなどをつくって販売しています。販売する苗とは別に、栽培用の苗をポリポットで育て、できた苗を4月から5月にかけて畑に植えつけて（定植）いきます。畑は耕して肥料をまぜておきます。苗の販売が終わって一息つくころに、こうした畑仕事が待っているのです。

7月になるとキュウリの収穫を行います。保存のきかないキュウリは新鮮な状態で出荷するために早朝に収穫します。また、ネギの畑には雑草がよく生えるので、草取りも夏の間は欠かせない仕事です。ブロッコリーやキャベツ、カリフラワーなどは8月下旬から9月にかけて畑に植えつけます。これらの冬野菜は、11月ごろから収穫をはじめます。

大塚さんの家では、作物を野菜市場を通さずに小売店などに直接販売する産地直送（産直）で販売しています。産直販売だと、出荷のスケジュールや野菜のサイズなどを大塚さんたちが決めることができるのです。大塚さんはお客さまの要望にこたえ、野菜市場で定められた規格より大きい野菜に育てて、直売所やスーパーに出荷しています。

FUMIE'S 1DAY

大塚文江さんの1日

冬野菜を収穫して出荷し、苗を育てる準備をする大塚さんの1日を見てみましょう。

キュウリの収穫がある時期は4時起きですが、この時期は6時。朝食の支度をして家族で食べます。

6:00
起床・朝食

子どもを学校に送り出したら、洗濯や掃除などの家事をすませ、畑に出かける支度をします。

7:30
家事

18:00
夕食

散歩から帰ったら夕食の準備をします。子どもも学校から帰宅してにぎやかに食卓を囲みます。

21:00
入浴・就寝

食事の後片づけをしたら、テレビを見るなどしてのんびりすごします。お風呂に入ったら早めに寝ます。

17:00

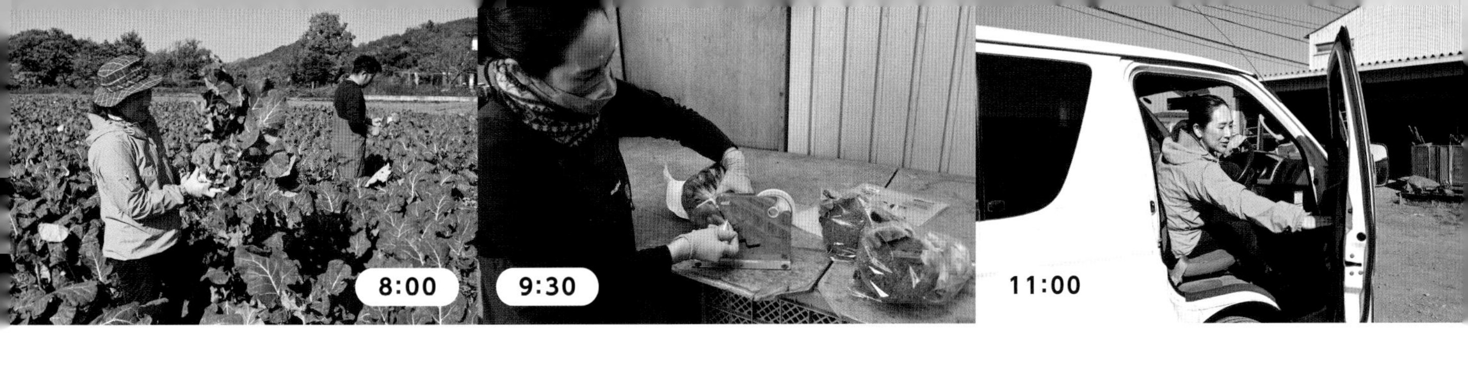

佳延さんと畑に行きブロッコリーを収穫します。大きく成長したものをとり、葉を切り落とします。

8:00
野菜の収穫

収穫したブロッコリーをビニール袋に入れ、口をテープでとめてバーコードのシールを貼ります。

9:30
出荷準備

袋づめが終わった野菜を車に積んで、スーパーに出発。店の産直野菜売り場にならべてもらいます。

11:00
スーパーに納品

帰宅したら、録画しておいたテレビドラマなどを見ながらゆっくり昼食をとります。

13:00
昼食

14:00
出荷準備

翌日出荷するネギの準備。機械でネギの外皮をとったら根を切り、袋づめをして冷蔵庫に入れます。

15:30
育苗ポットの土づめ

ならべたポットに腐葉土をかけ、均等にならしたら、かごに入れていきます。

16:30
休憩

1日の仕事が終わったら、3人でコーヒーを飲みながら談笑し、つかれをいやします。

17:00
散歩

運動代わりに、夕食前に佳延さんと近所を散歩するなどして、健康管理に気をつかっています。

INTERVIEW インタビュー

大塚文江さんをもっと

この仕事につこうと思ったきっかけは何ですか？

わたしの生まれ育った家は、ウシを育てて牛乳を生産する酪農業を営んでいて、小学生のころからウシの世話をしたり牛舎の掃除をしたりするなど、家の仕事を手伝っていました。牛舎に行けば両親やきょうだいがいるので、一緒にすごす時間が楽しくて、手伝いはまったく苦ではなかったですね。

高校、大学は農業系の学校に進みました。学校には農業だけでなく、畜産や食品、服飾などを勉強する学科もあり、友だちもできて楽しかったです。

卒業後は栃木県庁の農政課の臨時職員や図書館の司書、洋服店の販売員など、いろいろな職業を経験しました。でも、大学で出あった夫が農家の長男だったので、結婚を機に何のためらいもなく夫と一緒に農家をやっていくことになりました。結婚して18年、農家の仕事はいいなと思っています。

この仕事のやりがいや楽しさを感じるのはどんなときですか？

自宅で苗を販売しているので、お客さまの声を直接聞くことができます。「じょうぶでいい苗だったからまた買いに来たよ」と、毎年のように来てくださるお客さまがいることにやりがいを感じます。

また、現在は県内外のスーパーの産直コーナーにわたしたちのつくった野菜を置いてもらっているのですが、イベントなどでお店に立ったときに、お客さまから「大きくていい野菜ね」と声をかけてもらえると、うれしいし、はげみにもなります。

作物は、手をかけただけよいものに育ちます。夫とさまざまに工夫しながら、お客さまに喜んでもらえる野菜をつくっていこうと思っています。

この仕事で苦労するのはどんなことですか？

この仕事は自然に左右されることが多いです。特に畑の作物は、天候の影響をもろに受けます。最近の地球温暖化による異常気象には、苦労させられます。この数年の夏の暑さで、野菜の育ちが悪くなったり、ひどいときにはくさってしまう場合もあるのです。品種改良された種を選んで暑さに強い野菜をつくるようにするなど、いろいろ試していますが、成果が出るまでには時間がかかります。

鳥獣による被害も深刻ですね。苦労して育てた作物が、鳥やイノシシなどに食べられるとがっかりします。こちらも知恵をしぼって対策を講じ、戦っています。

この仕事で心がけていることは何ですか？

苗づくりや畑仕事を精いっぱいやるなかで、子ども

知りたい

とすごす時間はしっかり確保するようにしています。14年ほど前、子どもが生まれたのを機に夫婦で話し合い、作物の販路を産直にしていこうと決めました。それまでは生産組合に出荷していましたが、集荷所におさめる量や日時が決まっていて、自由に使える時間がほとんどありませんでした。産直に切りかえたことで、収穫するタイミングや納品する時間、野菜のサイズや価格まで自分たちで調整できるようになりました。

おかげで、子どもの予定に合わせて休みがとれるようになり、子どもが今取り組んでいる自転車競技を家族で応援しています。また、体力づくりも心がけています。この仕事は体がじょうぶでないとつとまりません。時間があるときには散歩やハイキング、サイクリングなどをして体力を維持しています。

アンナからの質問

休みはとれますか？
雨の日は休みですか？

自然相手の仕事なので、毎週土曜日、日曜日が休みというわけにはいきませんが、休みはありますよ。また、仕事の進み具合によって、たとえば苗の販売が終わってまとまった時間がとれるときは、旅行や登山をするなどして家族とゆっくりすごします。

雨の日はビニールハウスの中なら仕事はできますし、多少の雨ならカッパを着て畑にも出ますが、急ぎの仕事がなければ、休みにすることもあります。

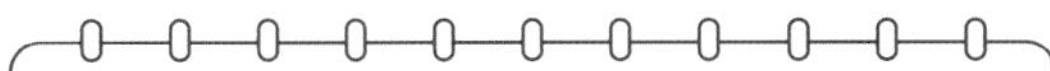

わたしの仕事道具

発泡スチロールのいす

苗の植えかえや畑での収穫など、しゃがんで行う作業による腰への負担を軽くしてくれます。ゴムひもを腰に結び、作業時にいすをおしりの下に入れてすわります。軽くてほどよいすわり心地で、移動も楽です。

教えてください！

農家の未来はどうなっていますか？

AIやロボットなどの情報通信技術を活用したスマート農業や、植物工場とよばれる新しい栽培方法も普及するでしょう。でも、人の手による、土づくりにこだわった農業も絶対になくならないと思います。

みなさんへのメッセージ

普段食べている野菜が、畑ではどんな姿をしているか知っていますか。みなさんにはぜひ農園などで農業体験をしてもらいたいです。自分で育てた野菜を収穫して食べるときの喜びを味わってみてください。

大塚文江さんの今までとこれから

プロフィール

1980年、栃木県生まれ。生家は酪農家。小学生のころから牛舎の掃除などを手伝い、父親のすすめもあって栃木県立宇都宮白楊高校、栃木県農業大学校と進んで農業の知識や技術を身につけました。2006年、農家の長男である佳延さんと結婚、家業である苗の生産、販売と野菜の生産、販売を行っています。

1980年誕生

8歳 酪農業を営む家庭に育つ。このころから弟と一緒に牛舎の掃除やウシの世話など、家の仕事を手伝うようになる。

14歳 毎日学校から帰ると家の仕事をしていて、学校から表彰される。人を喜ばせることが好きで将来はお笑い芸人になりたいと思っていた。

16歳 県立高校の農業科で作物の栽培や農業経営などを学び、農業の楽しさを知る。農業大学校でさらに2年間、農業を総合的に勉強する。

21歳 大学卒業後は栃木県庁の臨時職員や高校の図書館の司書、アパレル関係の販売員など、農業とは別の分野ではたらく。

今につながる転機

26歳 大学時代の同級生である佳延さんと結婚し、夫婦で夫の実家の家業である農家を継ぐ。

30歳 子どもが生まれて、育児の時間をつくりたいと思い、自分たちの裁量で野菜の出荷や納品の時期を決められる産直販売に切りかえる。

35歳 栃木県が主催する「とちぎ農業女子プロジェクト」への入会をきっかけに、農林水産省とアウトドアブランド「モンベル」が推進する「農業女子プロジェクト」に参加する。

現在

43歳 子どもの活動を応援しながら、苗づくり、畑仕事に精を出す。おしゃれなモンベルの農業ウエアを着用し、農業女子としての発信を続ける。

未来

50歳 子どもも社会人になるので、新しいことに挑戦したい。農園を整備して農業体験を実施したり、食育にも取り組んでみたい。

大塚文江さんがくらしのなかで大切に思うこと

中学1年のころ
現在

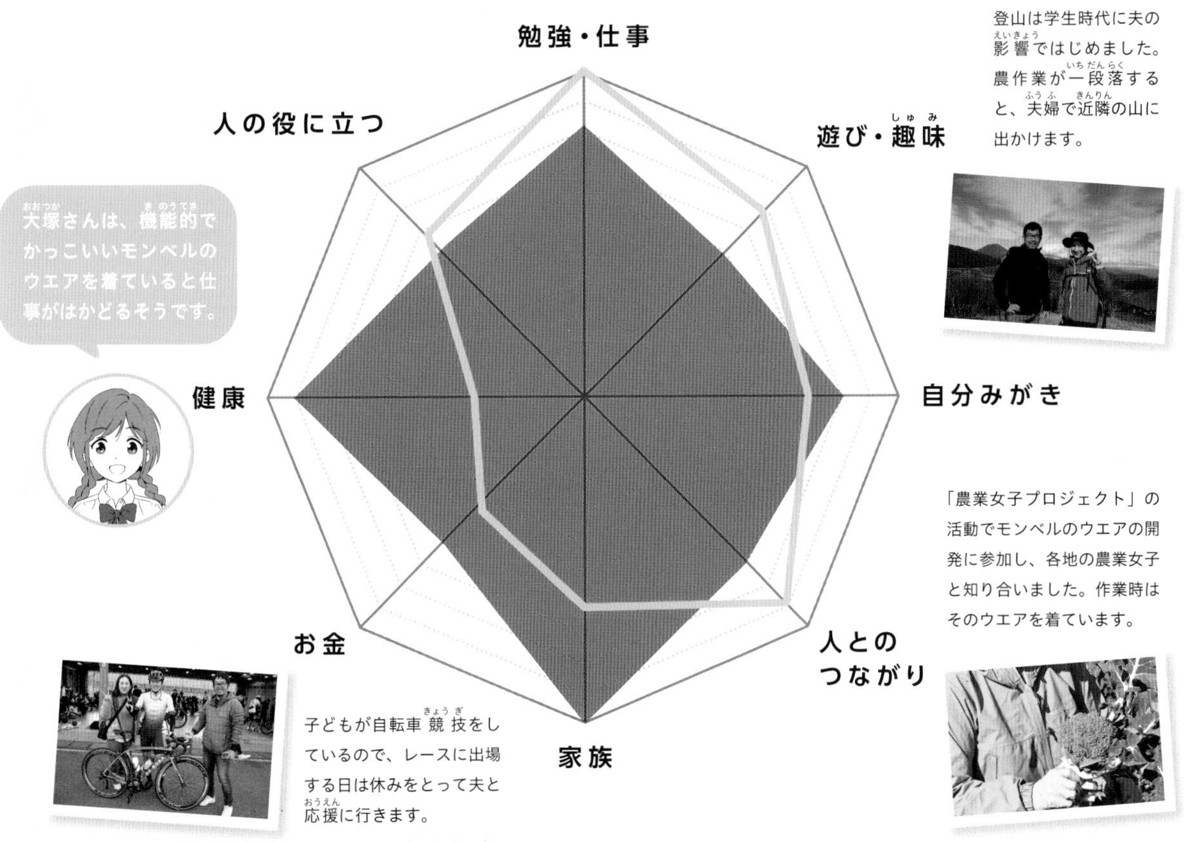

登山は学生時代に夫の影響ではじめました。農作業が一段落すると、夫婦で近隣の山に出かけます。

「農業女子プロジェクト」の活動でモンベルのウエアの開発に参加し、各地の農業女子と知り合いました。作業時はそのウエアを着ています。

子どもが自転車競技をしているので、レースに出場する日は休みをとって夫と応援に行きます。

大塚文江さんが考えていること

農業の楽しさを発信して子どもがあこがれる職業にしたい

わたしはこれまで、苗づくりや畑仕事に力を注ぎながらも、息子とすごす時間を大切にしてきました。子どもはいずれ成長したら親もとをはなれていくでしょう。一緒にいられる貴重な時間は、自転車競技など息子が打ち込んでいる活動をできる限り応援しようと夫婦で話してきたのです。そんな息子もやがて自立します。そうしたら外に目を向けて新しい活動にも取り組みたいと考えています。

農業の分野も、担い手不足、後継者問題などが深刻化しています。わたしも農業の楽しさややりがいを発信して、少しでも就農人口を増やすお手伝いができたらと思います。農業体験のできる農園にしたり、作物の栽培を通して食育にも取り組みたいと考えています。農家が、子どもたちのあこがれの職業になるようにがんばりたいですね。

BIOTECHNOLOGY RESEARCHER

バイオテクノロジー研究者

どんなことを研究するの？

研究は何に役立つの？

どういう場所ではたらいているの？

資格がないとなれないの？

バイオテクノロジー研究者ってどんなお仕事？

バイオテクノロジーは、バイオロジー（生物学）と、テクノロジー（技術）を合わせた言葉です。バイオテクノロジー研究者は、生物のもつ遺伝子情報などを解明し、その成果を応用した新しい技術の研究を行っています。植物や動物の細胞、微生物などを用いて、さまざまな実験機器、装置、分析手段を使いながら実験データを収集します。得られた成果は論文にまとめ、学会などで発表します。活躍する分野は農業、食品製造、製薬、医療、環境、エネルギーなど多岐にわたります。バイオテクノロジーは最先端の技術で、今後ますます広範囲に利用され技術革新が進んでいく分野です。日々進化する技術を習得しながら、自身の新たな研究テーマにつなげていく努力が欠かせません。

給与
（※目安）

36万円くらい～

最初は任期付きの研究職であるポストドクター（ポスドク）から入るのが一般的。つとめ先によって差がありキャリアアップしていけば給与は上がります。

※既刊シリーズの取材・調査に基づく

バイオテクノロジー研究者になるために

ステップ1 高校・高等専門学校や大学で知識を学ぶ

農学、生物学、医学、薬学、工学などの学部でバイオテクノロジーの技術、理論を勉強する。

ステップ2 大学院の修士・博士課程で専門知識を得る

大学院で２～７年間専門知識を勉強する。修士以上を修了していることが望まれる。

ステップ3 バイオテクノロジー研究者として就職

大学や国公立、民間の研究施設に就職し、バイオテクノロジーを用いた技術を研究する。

こんな人が向いている！

- 好奇心が強い。
- 粘り強さがある。
- 洞察力や観察力がある。
- 視野が広い。
- 想像力が豊か。

もっと知りたい

必須ではありませんが、民間で実施しているバイオ技術者認定試験に合格しておくと、研究職への就職に有利になります。また、海外の文献を読んだり、海外の学会に参加したりする機会も多くなるため、英語などの語学力も必要です。

バイオテクノロジー研究者 市橋泰範さんの仕事

研究室の各研究員を定期的に回って、それぞれが進めている研究の進捗状況や問題点などを確認し、研究開発を進めます。

土の中の微生物を利用し 新しい農業の実現をめざす

市橋泰範さんは、理化学研究所バイオリソース研究センターにある、植物-微生物共生研究開発チームのチームリーダーです。市橋さんは、植物と微生物がたがいに助け合う（共生）関係を明らかにする研究をしています。地球に負担のかからない新しい農業を実現し、社会に貢献することをめざしています。

研究にあたって、市橋さんはまず、土の中にいて植物の成長を助ける微生物を農業に利用することで、「持続可能な作物生産と食料供給」を実現することをチームの目標にしました。達成のために設定したテーマは2つあります。1つは、実際の農地と同じ環境をデジタルで再現して、生育実験などのシミュレーションができるデジタル技術の開発です。もう1つは、植物の成長に役立つ微生物を土の中から効率よく分離して、培養する技術の開発です。

これらの研究プロジェクトは、市橋さんの主導のもと、チームに所属する研究員、テクニカルスタッフ、研究パートタイマーの人たちが、それぞれの役割を担って進めます。研究員は、市橋さんが立案、計画した各プロジェクトのリーダーとして、アイデアを出し、さまざまな方法を考えながら開発を進めます。市橋さんは研究員から開発の進捗状況を聞き、提示されたデータを確認するほか、進め方などの相談があればアドバイスをします。

各地で、開発に必要な土壌サンプルの収集を指揮するのは研究員です。市橋さんも収集の現場に行き、手伝いをしながらその土壌が育った環境を確認しておきます。集められたサンプルを分析するのはテクニカルスタッフの仕事です。研究パートタイマーはその作業を補佐します。データをさらに細かく研究する解析の仕事はテクニカルスタッフが、統計的に見る専門的な解析は研究員が行います。分析や解析の仕事は、市橋さんが長くたずさわってきた得意な分野です。以前は市橋さんが自分で分析や解析をし、その方法も開発して教えていましたが、現在はすべてチームにまかせています。市橋さんは分析や解析の結果報告を受け、トラブルが起きたときに、自身の経験からアドバイスをしたり、これまでの人脈から必要な知識をもつ研究者に相談をして解決策を提案したりしています。

市橋さんはリーダーとして後ろで見守り、作業をチームにまかせることがメンバーのモチベーションを高め、研究の効率を上げることにつながっているのです。また、分析や解析の技術は日々進化しているので、市橋さんはミーティングを定期的に行い、メンバーと一緒に勉強をしています。そして、新しい技術をどんどん取り入れて、研究開発に役立てています。

微生物研究には、たくさんの土壌サンプルのデータが必要です。研究員とともに各地の現場に出かけ、サンプルを収集します。

ベトナムで開催された国際シンポジウムで研究発表をするなど、国内外のシンポジウムに出席して人脈を広げています。

研究の成果を発表し 活動の幅をさらに広げていく

市橋さんは、研究室のチームリーダーであるPI（研究プロジェクトを主宰し、指導するリーダー）として学会やシンポジウムに出席し、研究の成果などを論文や講演で発表しています。市橋さんのこうした活動によって、関心をもった人や団体から声がかかり、新しい共同研究や大きな研究プロジェクトの構想が立ち上がることもあります。

また、研究が進むよう、研究員の論文執筆を手伝って完成度を高めたり、学会で研究発表するための資料を作成したりもします。研究室の予算を獲得したり、人事を考えたりするなど、チームをよりよく運営していくための業務も大事な仕事です。

市橋さんは、急速に進歩する時代の流れをとらえるため、つねに勉強を続けて情報を収集しています。そうして得た知識やこれまでの経験を、研究者をめざす学生や次世代を担う若い研究者に発信していくことにも力を注いでいます。

YASUNORI'S 1DAY

市橋泰範さんの1日

研究室のメンバーとミーティングを行うなど、実験室を見回る市橋さんの1日を見てみましょう。

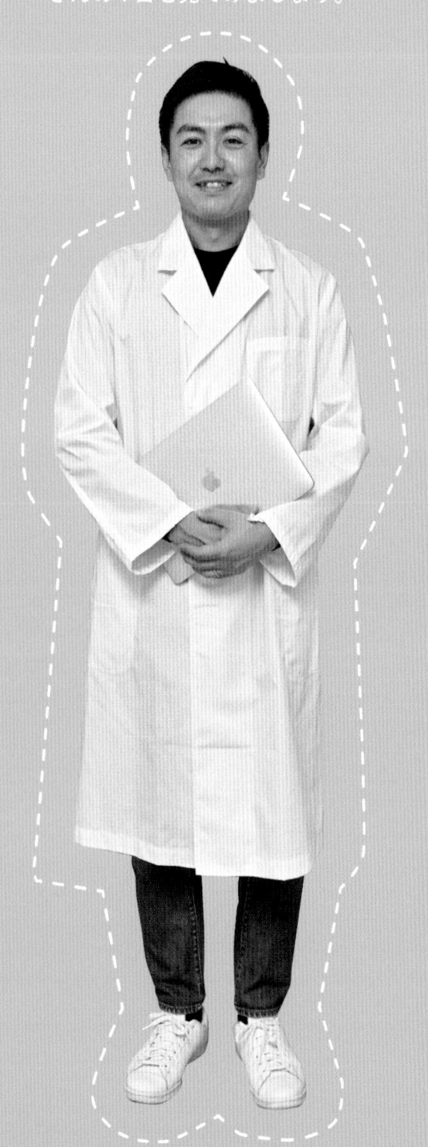

8:00

朝起きたら、子どもと一緒に、ユーチューブを見ながら筋トレをして、心身をきたえています。

出勤したらスタッフが来る前に、ミーティングルームを掃除。科学雑誌を読んだり論文を調べたりして情報収集をします。

5:30
起床・筋トレ

8:00
出勤

23:00
入浴・就寝

19:00
帰宅・夕食

子どもを寝かしつけたあとは、読書をしながらゆっくり入浴して、布団に入ります。

夕食後1時間ほどは、子どもと一緒にゲームをしたり、絵本を読んだりしてすごします。

19:00

アシスタントにその日の予定を確認。書類の手続きなど、事務の仕事の報告も受けます。

9:00
ミーティング

プロジェクターでデータを投影し、研究員たちとプロジェクトの研究内容について話し合います。

9:30
ミーティング

国際シンポジウムで発表する論文をまとめます。考えた論理を資料で確認し、骨組みをつくります。

11:00
論文作成

急ぎのメールに返信をしたら、オートミールにハチミツと豆乳をまぜた昼食をとります。

12:00
昼食

13:00
打ち合わせ

開発中のシステムの進捗状況について、IT 企業の担当者とオンラインで打ち合わせをします。

14:00
実験室を回る

実験室を回り、研究員やテクニカルスタッフの作業を見守り、確認やアドバイスをします。

16:00
講義

大学の非常勤講師として、オンラインで、主に菌根菌などの微生物について教えています。

17:30
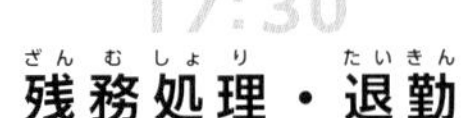

残務処理・退勤

仕事の整理をして研究室を出ます。学会の準備があると遅くなりがちですが切り上げて帰宅します。

INTERVIEW インタビュー

市橋泰範さんをもっと

この仕事につこうと思ったのはなぜですか？

子どものころから生物が好きで、犬をはじめ、近所でつかまえてきた昆虫などの小動物を飼っていました。生物についての本もよく読んでいましたね。そして、大学受験のとき、高校の生物の先生からこれからはバイオの時代になるといわれ、中部大学の応用生物学部をすすめられて進学しました。

研究対象が植物になったのは意外かもしれませんが、大学2年のときに読んだ徳川家康の本の影響が大きいです。もともと社会貢献をしたいという思いがずっとあり、家康の本を読んでから人類の救済を実現したいと思うようになりました。そのために何をしたらよいか、生命の本質を考えるうちに生物の進化へと興味が移り、進化を研究するために、ヒトの食料でもある植物の研究が重要だと感じたのです。

わたしは、1つのことを深く考え続けたり、長い時間勉強したりすることが苦にならない性分です。興味があり好きな分野が科学なので、この仕事は自分が得意なことを活かせる職業なのです。

この仕事で苦労することは何ですか？

長い時間はたらいても、成果が出るとは限らないところです。研究者はじっくり時間をかけ、できる限りデータを集め、調べつくさないといけないと思っています。論文にしても、中途半端なものは出したくはありません。執筆の途中で、本当に後世に残していくべきものなのかどうかも考えます。自分自身、納得のいくまで追求したものを出したいと思っているので、どうしても時間がかかってしまうのです。

また、プロジェクトの実験でも、失敗に終わるケースがあります。しかし、失敗はマイナスとは思いません。そこの可能性はなかったということがわかったということなので、また別の方法を考えればよいのです。苦労はしますが、困難であるほど挑戦する価値があると思っています。

この仕事のやりがいや楽しさを感じるのはどんなときですか？

やはり、自分の研究がだれかの役に立って「ありがとう」と言われたときは、やりがいを感じます。

今まで農家の方たちが手さぐりでやってきたことが、わたしたちの研究で明らかになり、やってきたことがまちがってなかったと農家の方たちに喜んでもらったり、農業資材の会社の人から、開発した新しい技術を使った資材が製品化できたと報告を受けたりしたときなど、役立ってよかったとうれしく思います。また、わたしの論文がほかの研究者にインスピレーションを与え、学ばせてもらったと感謝されたときには、この仕事をやってきたかいがあったと感じます。

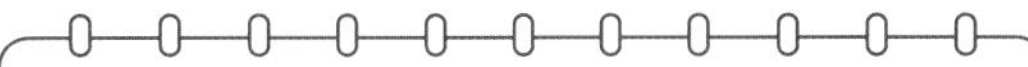

知りたい

この仕事をするうえで、心がけていることは何ですか？

研究者としては、日々の小さな発見やひらめきを、その時の高揚感をたもって、きちんと論文などの形にまとめていこうと心がけています。自分だけの満足で終わらせず、きちんと公表して知識を広め、社会全体のテクノロジー開発につなげてこそプロの研究者だと考えています。

チームのリーダーとしては、メンバーがそれぞれの研究に没頭できるように、環境をととのえるように心がけています。掃除もそうですが、コミュニケーションをとり、何か困っていることはないか、助けられることはないかとつねに気を配っています。

アンナからの質問

あきっぽく勉強がきらいでも研究者になれますか？

勉強は必要ですが、きらいでも研究者になれますよ。研究者に必要なのは、学力よりも発想力や問題を見いだす能力です。いろいろな視点からものを見たり、ほかの人とちがう考え方ができることのほうが大事なのです。また、研究者のなかには、テーマをよく変えることで成功する人もいます。あきっぽくても、それが時代を先取りする力になれば、すぐれた研究者になれると思います。

わたしの仕事道具

パソコンとスマートフォン

通信ツールとして欠かせない道具です。パソコンはプロジェクトの進捗をチャットで受け取る時や、論文作成などに使用します。スマートフォンはスケジュール管理やメモに活用しています。

教えてください！

バイオテクノロジー研究者の未来はどうなっていますか？

多くの人にとって身近な仕事になっていると思います。デジタル空間上のシミュレーターを使って新しい発見をする研究や、新しい物質をつくるための研究へ多くの人が参加できる世界になっているでしょう。

みなさんへのメッセージ

小さなよい行いを積み重ねましょう。よい行いとは、まわりに親切にすること。それは必ず自分に返ってきます。人間は１人では生きられません。親切は、よい関係（＝共生関係）を築くもとになります。

市橋泰範さんの今までとこれから

プロフィール

1982年、愛知県生まれ。中部大学応用生物学部修士課程から東京大学大学院に進み2010年理学博士に。アメリカ・カリフォルニア大学デービス校で植物の進化を研究し、帰国後は国立研究開発法人理化学研究所に入所。2018年から植物-微生物共生研究開発チームのチームリーダーをつとめています。

1982年誕生

8歳 生物が好きで、犬や鳥、昆虫など多くの種類の生き物を飼って、よく観察していた。祖父の影響で絵をかくことが得意だった。

18歳 高校の生物の先生のすすめもあり、中部大学応用生物学部に進学する。社会貢献をしたいと思い、青年海外協力隊に行く夢ももっていた。

今につながる転機

20歳 オーストラリアに留学し、日本について考えるようになる。徳川家康の本を読み、人類救済に貢献したいと考え、環境生物の研究者をめざす。

23歳 上京し、東京大学大学院理学系研究科に入学する。周囲の学力レベルに追いつくために努力する。

28歳 理学博士号を取得後、アメリカ・カリフォルニア大学デービス校で博士研究員となる。言葉の壁に苦労しながらも植物の進化の研究にはげむ。

32歳 アメリカの大学で4年間はたらいたのち、帰国して理化学研究所に入所。環境資源科学研究センターの基礎科学特別研究員となる。

36歳 理化学研究所バイオリソース研究センターで植物-微生物共生研究開発チームを立ち上げる。チームリーダーとなり、チームとして国家プロジェクトに参加する。

現在

41歳 研究の成果を社会問題解決のために活用する研究をさらに進める。また、チームリーダーとしてチームの環境づくりに力を注いでいる。

未来

65歳 自給自足の農業に取り組む一方、学問とビジネスを一体化した事業をはじめたい。孫の世代とともに、地球と人類の平和を確認したい。

市橋泰範さんがくらしのなかで大切に思うこと

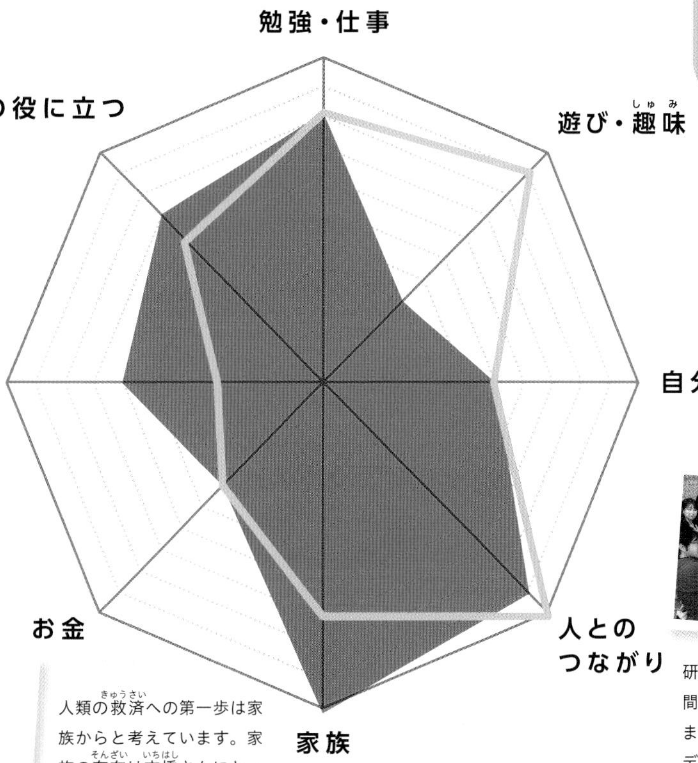

中学1年のころ
現在

勉強・仕事
遊び・趣味
自分みがき
人とのつながり
家族
お金
健康
人の役に立つ

市橋さんは、人に対して敬意をはらうことをいつも心がけているそうです。

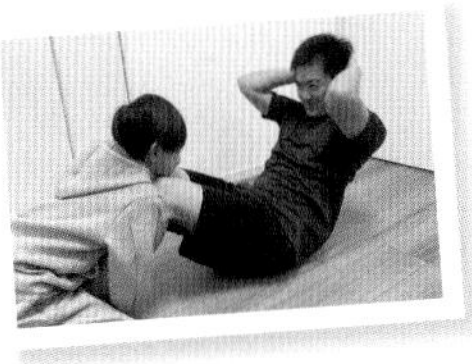

ダイエット目的ではじめた筋トレですが、今は心身をきたえるために腹筋や腕立て伏せなどをしています。

研究室のメンバーや研究者仲間とのきずなを大切にしています。何気ない会話からアイデアが生まれることも。

人類の救済への第一歩は家族からと考えています。家族の存在は市橋さんにとってとても大きなものです。

市橋泰範さんが考えていること

食料自給率の低い日本に安定した食料供給を実現させたい

留学や研究員の仕事で海外へ出るたびに、日本という国を意識するようになりました。そして、日本の将来のために役立つ研究をしようと思ったのです。今、日本の食料自給率は38%で食料の約6割を輸入に頼っています。その輸入が、自然災害や疫病の流行、政情不安などで止まり、供給されなくなったらどうなるでしょう。そのリスクを避けるために、国内の自給率を高め、必要な分を自国で確保できるようにするための対策が必要です。

わたしは植物・微生物・土壌の研究を通じて日本の農業の生産性を高めるとともに、各分野でバラバラに進められてきた技術開発を一本化し、新しいシステムを開発したいと考えています。日本の食料供給を安定させる研究開発を進めることで、日本のみならず世界の農業にも貢献したいと思っています。

FORESTRY WORKERS

林業従事者（りんぎょうじゅうじしゃ）

木を切るほかに
どんなことを
するの？

チェーンソーは
だれでも
使えるの？

木が育つまで
どのくらい
かかるの？

木を切るのに
力は必要？

林業従事者ってどんなお仕事？

苗を植え、木を育て、森をつくり、育てた木を切って木材にし、販売する仕事のことを林業といいます。木を切ったあとは土地を整え、ふたたび苗を植え森をつくるというサイクルをくり返します。１本の木を収穫できるまで育てるには50～60年という長い年月が必要なので、何世代にもわたり、多くの人が山や森を管理する必要があります。木が育つまで、木の成長の支障となる雑草を刈りとったり、木の形を整えるため枝を落としたり、生育の悪い木を間引いたり、木材を運搬する道路（作業道）をつくったりするなどさまざまな仕事があります。成長した木は伐採し、建築に使う木材や紙の材料などに加工されます。こうした一連の作業を行う人たちを林業従事者とよびます。

給与
（※目安）

20万円
くらい～

所属している企業や地域によっても金額が異なります。経験を積み、重機をあつかい、部下を教えられるような知識や技術がつくと、給与も上がっていきます。

※既刊シリーズの取材・調査に基づく

林業従事者になるために

ステップ１
専門学校などで林学や環境学を学ぶ
専門学校などで、林業や自然環境について学ぶことのできる授業を受け、知識をつける。

ステップ２
各地の森林組合などの採用試験を受ける
林業にたずさわることのできる森林組合や企業、自治体の採用試験を受ける。

ステップ３
林業従事者として知識を増やし現場へ
業界の仕組みや、重機のあつかい方など、より実践的なことを学び現場ではたらく。

こんな人が向いている！

- 自然で遊ぶのが好き。
- 集中力がある。
- 体を動かすのが好き。
- 機械を動かすのが好き。
- 仲間と協力できる。

もっと知りたい

必要な技術は、会社に入り、仕事についてからでも学ぶことができます。また、未経験者でも林業の知識や、重機のあつかい方など必要な技術を学ぶことができるよう、現在は国が主体となって「緑の雇用」という就労支援を行っています。

林業従事者 伊東日向子さんの仕事

木の前側に切り込みを入れ、後ろ側にクサビを差し込んだら、たおれる先を見すえて慎重にチェーンソーの刃を入れてたおします。

木の成長を助けるため一部の木を切って間引く

伊東さんは、岩手県の一関地方森林組合に所属する林業従事者です。林業の仕事は、森を育てる育林（森林整備）と、育った木を収穫する素材生産とに分かれ、伊東さんは素材生産を中心とした仕事を担っています。

木の苗を植えて20年目くらいから、大きく成長させるために一部の木を切る間引きを行います。木を減らすことで育成に十分なすきまを空け、木の成長を助けるのです。この作業を間伐といいます。成熟していない木は、切ったあと山に置いておき森の栄養にしますが、45年目以上の木は建築用材などの材木にするため、切って丸太に加工し（造材）、出荷します。この間伐と造材の作業が伊東さんの主な仕事です。

間伐では、よい木を残して悪い木を切る必要があります。伊東さんは、先が二股に分かれている木や、曲がっている木などを間引く木として選びます。切る木を決めたら、林業専用の重機や手持ちのチェーンソーを使用して木をたおします。現在使用している重機は直径40センチメートル程度の太さの木までしかつかんで切れず、作業道がつくれないと山の上まで入れな

重機についているチェーンソーの刃を研ぎます。安全のため、作業をはじめる前には必ずメンテナンスを行います。

いので、手持ちのチェーンソーで切ることが多いです。また、切る木はほかの木と木の間にたおさないとたおれません。チェーンソーで切る場合、木の前側に三角の切り込みを入れ、後ろ側にはクサビをハンマーで差し込み、たおす方向を慎重に定めてたおします。

作業は危険がともなうため、周囲に注意をはらい、チェーンソーや重機のメンテナンスはしっかり行います。また、あやまってチェーンソーの刃が体にあたっても、服の繊維が刃に瞬時にからまり、回転を止めてくれる機能がある作業服を着て作業に臨んでいます。

重機を使って切った木を丸太に加工していく

間伐で切った木は、山林につくった空き地（土場）に積み上げていきます。ある程度たまると、間伐と造材の作業を分担して行い、伊東さんは造材を担当します。伊東さんは重機を操作して、木のまわりについているいらない枝葉や皮を落とし、必要な長さに木をカットして丸太にしていきます。

製材品をつくる製材所からの、必要な丸太の太さと長さ、量の注文にしたがって作業をします。一般的に多いのは3メートルと4メートルの長さです。時には7メートルの材木がほしいなどの個別の注文も入ります。また、枝が多いなど材木として使えない木は紙の材料（チップ）になるため2メートルにカットします。伊東さんは注文を頭に入れておき、重機で木をつかむと、太さや断面などの状態を見ながら、何メートルの丸太がとれるか瞬時に判断してカットします。太くて曲がりが少ない木だと、1本の木から4メートルの丸太を3本とることができます。木の状態を正しく判断する必要があるため、ここが伊東さんの腕の見せどころです。

切った丸太は、運搬の担当者が山の下へと運んでいきます。そのため造材は、運搬のための作業道に近い場所で行います。運ばれた丸太は、建物の資材やチップ、発電に使われるバイオマス（生物資源）燃料などに使用するため、さらに加工されていくのです。

機械をあつかうには、資格を取り、講習を受けることが必要です。伊東さんも、定期的に技能講習などに参加して、木のあつかい方や、チェーンソー、重機の技術を学んで高めています。伊東さんは、植えて30〜40年の木の間伐を担当していますが、経験を積んでいくことで、50〜60年の大きな木を切ることができるようになります。林業は木の収穫まで長い時間がかかる仕事なので、自分の知識や経験を後輩にも伝えていかなくてはなりません。伊東さんも、先輩として指導者になるための準備をはじめています。

重機は木をつかんで切りたおし、枝をはらったり、切って丸太にしたりできます。木の運搬にも使われます。

HINAKO'S 1DAY

伊東日向子さんの1日

伊東さんが、素材生産の業務のため、木を切る作業を行っている1日の様子を見てみましょう。

6:00 起床

7:00 家を出る

8:00 現場到着

ミーティングを行い、だれがどこで、どんな作業をしているかなどを確認して、業務をはじめます。

21:00 練習

林業従事者が技術を競う大会に出場するため、チェーンソーのメンテナンスや、競技の練習をします。

23:00 就寝

8:15
始業点検

作業前に、重機のネジにゆるみがないかを点検したり、油をさして機械の動きをよくしたりします。

8:30
作業開始

重機で、積み上げられた木をカットし、丸太に加工していきます。

8:45
木の採寸

切った丸太の長さを数本メジャーではかり、重機の測定と誤差がないか確認して、作業を進めます。

12:00
昼食

休憩所までの移動に時間や労力がかかるので、お弁当を持参し重機のなかで食べることが多いです。

13:00
メンテナンス

午後の作業をはじめる前に、重機やチェーンソーの刃を研ぐなどのメンテナンスを行います。

13:15
作業再開

重機で木をカット（玉切り）する作業を進めます。チェーンソーで木を切る作業も行いました。

16:30
作業終了

作業が終わるとそのまま自宅に帰ります。何かあれば事務所に報告します。夏は17時までとなります。

17:00
帰宅

帰って一息ついたら、テレビや映画を見たり、夕食をつくって食べたりしてゆっくりすごします。

INTERVIEW インタビュー

伊東日向子さんをもっと

この仕事につこうとしたきっかけは何ですか？

わたしはこの仕事につく前に別の職業をいくつか経験しています。しかし、生まれ育った場所が一関市内だったので、地元らしい仕事につきたいと思うようになったのです。そこで、昔から身近だった林業がおもしろそうだと思い、一関地方森林組合に就職しました。

最初は事務仕事をしていましたが、現場に連れていってもらったときに、女性の方がチェーンソーで木を切っている姿を見ました。それがとても楽しそうに見えて、「自分もやってみたい！」と思いました。でも、すぐには現場に入ることができず、2年くらいはなやんでいました。森林整備では、同僚の女性もチェーンソーを使って木を切っていましたが、もっと太い木を切る素材生産の現場を担当しているのは男性だけでした。そのため、本当に自分にできる仕事なのか、決心がつかずにいました。

なるために大変だったことや苦労したことはありますか？

昔から、林業は男性がする仕事というイメージがありました。だから、決心して現場に入りたいと相談したときは、いろいろな人から反対されましたね。仕事には筋力も必要です。わたしは背もそれほど高くないので、「どうして女性が？」という反応もありました。両親からも、危ない現場にわざわざ行かなくてもいいだろうと反対されました。でも、どうしてもあきらめられませんでした。

とにかくあきらめずに周囲を説得し続けたことで、森林整備の現場に入ることができました。そこで先輩方にていねいに教えてもらい、3年間経験を積んだあと、今の素材生産の現場に入ることになりました。最初はきつかったです。女性が素材生産に入るのははじめてだったので、まわりと距離をはかるのがむずかしく、同僚の人たちもどう接すればいいかわからなかったようで気をつかわれていました。でも、1年くらいがんばっていたら、同僚の人たちとの距離が縮まって、少しずついい方向に変わっていきました。

この仕事につくためにやっておいたほうがいいことは？

ごはんをたくさん食べて、体力をつけることですね。特に素材生産の現場は体力がないと仕事にならない面があります。体力というと、筋力トレーニングを思いうかべる人もいるかもしれません。わたしも一時期筋トレをしていましたが、じつは林業の仕事で使う筋肉と、筋トレできたえられる筋肉はちがうのです。わたしは結局食べる量を増やし、仕事をするなかで必要な筋肉をつけていきました。以前は、華奢な体格の女性にあこがれももっていたのですが、現場ではたらくためにはそんなことはいっていられません。だから、い

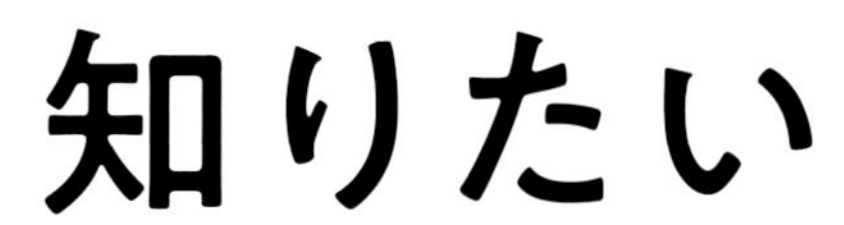

つも食べることは大切だと思っています。

どんなところにやりがいがありますか？

わたしは、自然のなかではたらくこと自体にやりがいを感じています。森林整備のときに自分で植えた苗木の成長を見ることができるのもうれしいです。小さかった苗が、自分の身長よりも大きくなっているのを見るときに、とてもそれを感じます。技術面でも、さまざまな経験を積み、年々できる作業内容が増えていくことをうれしく感じています。最近は女性の林業従事者も増えています。日本の山や豊かな自然を守る存在として、林業が子どもたちのあこがれの仕事になるといいなと思っています。

アンナからの質問

虫が苦手ですがこの仕事ができますか？

自然のなかで行う仕事なので虫はよく見かけますね。特に夏場は蚊やアブ、ハチがいて、わたしはスズメバチに刺されたこともあります。そんな危険もありますが、それ以上に、虫が気にならなくなるくらい、豊かな自然のなかで体験できることがたくさんあります。カモシカなどの動物を目にすることもありますし、季節の山菜やキノコを見つけて、とって帰るのを楽しみにしている人もいますよ。

わたしの仕事道具

クサビとハンマー

安全に木を切るために必要な道具です。木は重心が重いほうにかたむくので、たおす反対側にクサビをハンマーで差すことで、たおれる方向をコントロールできます。チェーンソーとセットでもち歩いています。

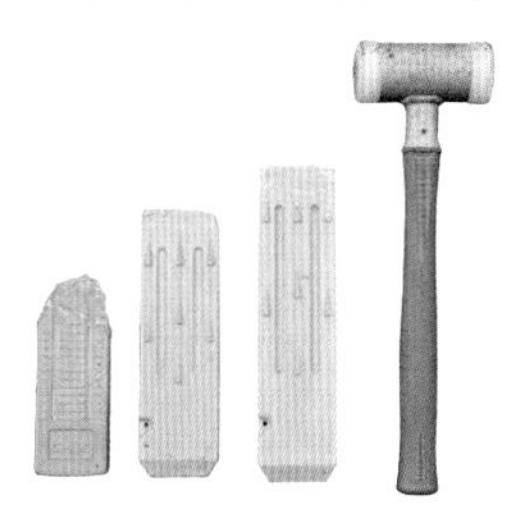

教えてください！

林業従事者の未来はどうなっていますか？

今の重機は平らな場所にしか入ることができないのですが、改良が進めば坂や狭い場所で作業ができるようになるかもしれませんね。でも、人の手で操作をしなくてはならないのは変わらないと思います。

みなさんへのメッセージ

自然のなかで行う林業の仕事はきびしい部分もあるかもしれません。しかし、それを超える喜びとやりがいがあります。女性にもできる作業がたくさんあるので、ぜひ一緒に山ではたらきましょう！

プロフィール

1988年、岩手県生まれ。短大卒業後、6年間一般企業に就職していたが、地元らしい仕事につきたいと思い一関地方森林組合に就職。事務職員をつとめたあと、森林整備班で植栽、下刈り、保育間伐などを3年間行い、現在は現場作業員になって6年目。素材生産班で、間伐や造材の作業を行っています。

伊東日向子さんの今までとこれから

1988年誕生

12歳　全校児童16人の山間にある小学校に通っていた。全学年で遊ぶことが多く、毎日楽しく学校生活を送る。

13歳　中学校では吹奏楽部に入り、部活の楽しさを知る。15歳のころには保育士をめざしていて、職場体験では保育園を選んで訪問した。

16歳　商業高校に入学し、ワープロ部に3年間所属する。部活では全国大会にも2度出場した。

19歳　短期大学に入学し、銀行員をめざして経営情報学科で学ぶようになる。また､アルバイトにもはげんでいた。

21歳　短大卒業後、カーディーラーの営業になる。その後、生命保険会社の営業に転職。26歳まではたらいた。

今につながる転機

26歳　何が自分に合っているのかをさがしながら、地元に貢献できる仕事につきたいと思い、現在の一関地方森林組合に就職する。

30歳　最初は事務職員をしていたが、現場の作業員になることを決める。最初の3年間は森林整備を行う。

現在

35歳　33歳から素材生産の現場に移る。現在は現場6年目になり、日々木を切って、木材に加工する作業の技術を高めている。

未来

45歳　自分で林業の会社を立ち上げて、経営したいと考えている。

伊東日向子さんがくらしのなかで大切に思うこと

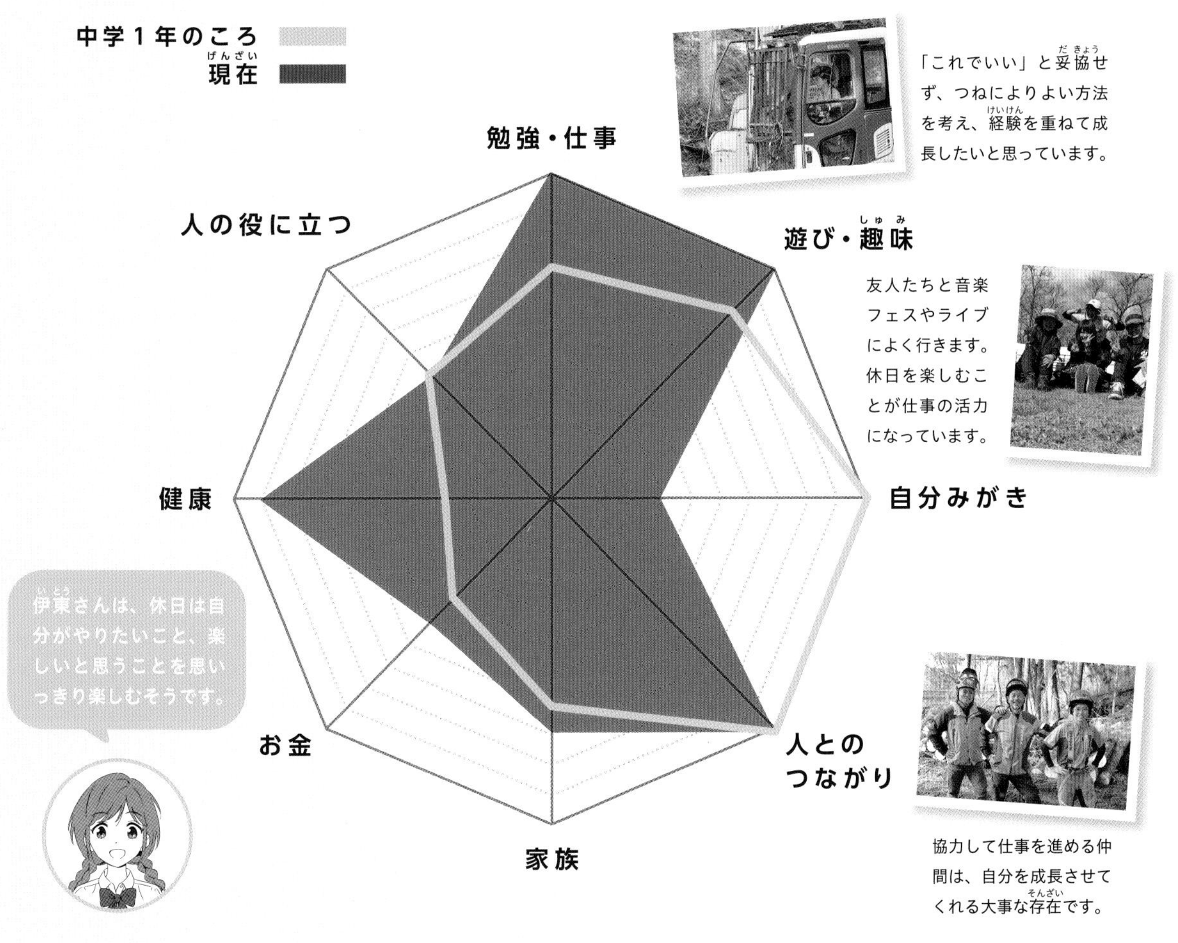

「これでいい」と妥協せず、つねによりよい方法を考え、経験を重ねて成長したいと思っています。

友人たちと音楽フェスやライブによく行きます。休日を楽しむことが仕事の活力になっています。

協力して仕事を進める仲間は、自分を成長させてくれる大事な存在です。

伊東日向子さんが考えていること

木のことをもっと深く知って できることを増やしていきたい

林業の仕事は、一緒に仕事をする人たちとのチームワークが重要です。協力したほうが仕事もこなしやすくなり、安全に作業をすることもできます。しっかり連絡を取り合い、チームの雰囲気をこわさないようにすることはとても大切だと思っています。

また、どうやったら効率よく作業ができるのかをよく考えています。たとえば木の表面を見ただけで、中の状態のよしあしを想像できるようになりたいです。樹木は自然のものなので、同じものは１つもありません。それができるようになるには経験が大切なので、先輩たちに話を聞きながら、自分ができること、やれることを増やしていきたいです。

また、こうした普段の仕事をするために、おいしいものを食べたり、友だちとライブに行ったりして、リフレッシュする時間も大切にしています。

ARCHITECT

建築家

建築家って
何をするの？

資格は
必要なの？

模型は
いくつも
つくるの？

設計図は
どうやって
かくの？

建築家ってどんなお仕事？

建築家は、戸建てやマンション、オフィスビル、公共施設などの建物の設計やデザインをする仕事です。クライアント（依頼主）の要望を聞いて、土地の用途に合わせて設計図をかいたり、模型をつくったりします。設計が終わったら、工事現場で現場の監督や職人への図面の説明、工事が図面通りになされているかの確認も行います。また、建築物には安全性がもとめられるため、法律にしたがって柱の位置や耐久性など、建物に問題がないかをチェックすることも、大切な仕事の１つです。現在では、これまでの住まいやオフィスなどの建築のあり方に疑問をもって社会に一石を投じるような、デザイン性の高い建築を創造できる建築家が世界的に活躍しています。

給与

（※目安）

22万円くらい～

一級建築士の資格の有無、経験だけでなく、所属する企業や事務所の規模によっても大きく変わります。大手企業は高収入が望めます。独立する人も多くいます。

※既刊シリーズの取材・調査に基づく

建築家になるために

ステップ１ 専門学校や大学で建築を学ぶ

設計やインテリア、建築法などの知識や、実践的な技術を身につける。建築士の資格も取得。

ステップ２ 設計事務所や建設会社などに就職

設計や模型づくり、現場の職人とのやりとりなど建築家として４～５年間は経験を積む。

ステップ３ 建築設計事務所を立ち上げ、独立する

クライアントの依頼や土地に合わせて、自分の独自性や強みを活かした建物を建てる。

こんな人が向いている！

想像することが好き。

粘り強く考えられる。

観察することが好き。

責任感が強い。

人と交流するのが好き。

もっと知りたい

ほとんどの建築家は国家資格の一級建築士と二級建築士、木造建築士のいずれかを取得し仕事をしています。木造建築士は小規模の木造建築物の設計、二級建築士は主に住宅の設計に限られ、一級建築士は建物の種類の制限なく設計できる資格です。

建築家 藤野高志さんの仕事

建築家は一般的に図面に植物をかきませんが、植物も建築の大切な要素と考える藤野さんは、はじめから植物もかき入れます。

室内にさまざまな植物を植えて人と共生できる建築をつくる

藤野高志さんは、群馬県高崎市に「生物建築舎」という設計事務所（アトリエ）を構え、自然環境を取り入れた建物などを設計・デザインしている建築家です。

藤野さんの設計はお客さまから依頼を受けるところから仕事がはじまります。どんな建物を建てたいのかお客さまと話をしながら確認し、建てる土地が決まっている場合は、スタッフや植栽家（適した植物を植える専門家）とともに出向いて、土地にある植物や立地、まわりの環境を見て回ります。そして、10～20年後、植物がどう育つか、お客さまの家族構成がどう変わるか、街がどう変わるか、未来のイメージをふくらませていきます。敷地全体をデザインすることを心がける藤野さんにとって、時の移ろいも設計の大切な要素なのです。また藤野さんは、柱や壁などだけでなく、植物の放つ香りでも空間を仕切ることができると考えています。そのため、室内に植物を植える場合は、住む人にどこでどんな香りを感じてほしいかも考えて、植える場所を決めています。

建物の方向性が見えてくると、事務所にいるスタッフとともに設計図をかいて模型をつくり、まずは平屋にするか、２階建てにするかといった大枠を決めていきます。藤野さんは、お客さまの個性を大切にした設計を心がけながら対話を重ね、要望が出るたびに図面や模型をつくり直していきます。最終的に照明はどうするか、トイレはどうするかなど、細部までつめたら、実際に工事をする現場の業者に費用の見積もりを依頼します。もし工事の費用が予算よりもオーバーした場合は、お客さまに要望を考え直してもらい、図面をかき直して設計図を完成させるのです。

家を建てる工事に入ると、藤野さんは、設計図をもとに工事現場の業者と打ち合わせを重ね、鉄骨の溶接方法や壁の厚みなど工事に必要な細かい部分を決めていきます。工事中は、現場に通って設計図通りに進んでいるかチェックするのも大事な仕事です。建物が完成間近になると、お客さまに現場を見てもらいながら、壁の色などを決めていきます。最後に、相談して決めた植物を植栽家が植えたら住宅は完成です。

植物は季節によって姿を変えて、成長もするため、藤野さんは、完成後も定期的にお客さまのもとをたずねてメンテナンスを行っています。

さらに、藤野さんは建築の歴史をふまえて、これまで常識とされた建築のあり方を疑うことも大事だと考えています。たとえば、藤野さんが手がけた建築に「ケーブルカー」と名付けられた斜面を活かした住宅があります。斜面に建物を建てる場合、土を盛り斜面を平らにするのが常識ですが、斜面ならではのくらしができるのではと考え、斜面をそのままにして建てました。藤野さんは建築の未来をつくろうとしているのです。

店舗や住宅１棟が完成するまで、200 ～ 300の図面や模型をつくり、さまざまな可能性をさぐりながら設計していきます。

大学で学生たちに講義することは、自らのやってきたことや考えをふり返る機会にもなっています。

建築家をめざす学生たちに自分の知識と経験を伝える

藤野さんは、複数の大学の教壇に立ち、週に７～８コマの授業を受け持って、建築家志望の学生に建築設計の実技を教えています。授業では、具体的な敷地を提示してそこに小学校を建てる、取りこわし計画のある土地に何かを建てる、などの課題を出します。学生には実際に土地をリサーチして、図面や模型、CGなど、学生の好きな表現で作品をつくってもらいます。藤野さんはこれまでの経験から、コンクリートやガラス、鉄骨といった建材がもつ特性を教えながら、学生がやりたいことと設計にズレがないかなど、いろいろな角度から学生の作品を講評するよう心がけています。

また、大学は教育機関であると同時に研究機関でもあります。藤野さんは、さまざまな専門分野の先生と連携しながら新しい建築について研究し、自分の建築にも活かして未来に役立てようとしています。

TAKASHI'S 1DAY

藤野高志さんの1日

建築家として、大学の先生として活動する藤野高志さんの１日のスケジュールを見てみましょう。

8:00

7:00 起床・朝食

家族と朝食をとります。3人の息子を学校に送り出してから、車で5分ほどのアトリエに向かいます。

8:00 出勤・打ち合わせ

現場の工事開始時間に合わせて出勤。アトリエと東北大学のスタッフとプロジェクトの進行を確認します。

17:00 模型チェック

修正された模型を見て、光の入り具合や空の見え方など、人の目線に合わせてチェックします。

21:00 授業の準備

夕食をすませ、家族とすごしたあとは、アトリエにもどって大学の授業の準備をします。

23:00 就寝

17:00

8:45

図面チェック

スタッフがかいた図面を確認して修正を指示します。スタッフは指示をもとに図面をかき直します。

10:30

展示会の準備

図面や模型をどう展示するのがよいか、実際に展示物を壁に貼ってみながら、スタッフと考えます。

12:00

昼食

近所に住む両親が昼ごはんを用意してくれるので、１度自宅に帰って、一緒に食べます。

13:00

現場の視察

工事の現場で施工状況を確認し、時には職人さんと細部を議論して、よりよい完成形をめざします。

14:30

植物の手入れ

アトリエ内に植えた樹木の葉を落として整えます。周囲の環境に手を入れながら共生しています。

15:30

オンライン打ち合わせ

東北大学に常勤する大学のスタッフと授業内容を共有して、必要となる資料の準備を依頼します。

16:00

出版物の確認

建築業界誌にのる誌面の校正紙を確認します。写真の色や図面、文章を細かくチェックします。

16:30

子どもと遊ぶ

学校帰りの子どもたちがアトリエに立ち寄り、絵をかいたり模型材料で工作したりして遊びます。

INTERVIEW インタビュー

藤野高志さんをもっと

どうして建築に植物を取り入れようと思ったのですか？

以前つとめていた設計事務所での経験が大きいです。その事務所では、地元の樹木でつくるログハウスを設計して建てていました。完成したログハウスを見て、お客さまは「自然を感じる」と喜んでくれます。木材という素材に魅力を感じてはいたのですが、一方で、「木材となったものだけではなく、もとの木そのものの力に目を向けてもいいのでは」と思いはじめたのです。しかも生きている木は、すばらしい力をもっています。自分で地面に根を張り、養分を吸い上げ、香りや水分を放出します。人が生活する空間にも、「生きている木の恩恵を受けられるようにしたい」と思い、生きた木など、植物を建築に活かすようになりました。

印象に残っている仕事はありますか？

群馬県にある、モデルハウスを展示する住宅展示場の管理棟を建てるプロジェクトは、とても苦しんだので印象に残っています。住宅展示場は建てて10年経つとすべてこわします。そして、住宅展示場のとなりにある広大な駐車場に新たなモデルハウスを建て直すのです。地球環境の持続可能性が問われる今、すべてをこわして一からつくる仕組みに違和感がありました。

そこでわたしは、管理棟に１本、大きなケヤキの木を植えたのです。日本人には昔から大木を大切にしようとする気持ちがありますよね。果たして未来のハウスメーカーさんがこの大きな木を切ることができるか、はたらきかけたかったのです。まだその結果は出ていませんが、今の消費社会のあり方に一石を投じた挑戦的なプロジェクトとして、印象に残っています。

この仕事でつらいと感じるのはどんなときですか？

アイデアがうかばないときですね。お客さまとのトラブルは、きちんと手順を踏めば解決できますが、アイデアがうかばないときはどうしようもありません。斜面に建てた住宅「ケーブルカー」も、アイデア出しに苦労しました。この建物は、現地に何度も足を運んで、客観的に土地を観察したことでアイデアがひらめきました。敷地内のことを考えるだけでなく、まわりの環境をよく観察することで気づけることがあります。

建物をつくるうえで大切にしていることは何ですか？

建築がそこに住む人の想像力をうばわないようにしています。建築はお金もかかり、人の生活に影響を与えます。なかには内と外を遮断してしまう建築もあります。たとえば、外に出たときに、はじめて雨が降っていることに気づく住まいもありますよね。それでは、

外に関心をもたない人を生んでしまうかもしれません。ですから、わたしは人が外に関心をもち、環境への想像力がはたらくような建築を心がけています。

建築家という仕事の魅力はどこにありますか？

どんな建築もその土地の地面の上に建ちますから、場所が変われば同じ条件で設計はできません。そこに魅力を感じています。この仕事では同じことをくり返すことがないのです。わたしは環境に合わせた建築をつくりたいので、毎回その土地の声を聞き、その環境に合わせた建築をゼロから考えます。そうしたチャレンジができるところにおもしろさを感じています。

アンナからの質問

都市と自然、どちらが家を建てやすい？

都市にも自然にもくらしてみて思ったことは、どちらも同じということです。都市と自然のちがいは「人がつくったか、人がつくっていないか」だけで、それぞれの環境のなかで生態系が影響し合っています。そこにポンと１つ建物を置いたとしても生態がうごめく水面に１滴のしずくを落とす感覚です。ですから、どちらが建てやすいということはなく、それぞれの場所に合った建物を建てることに変わりはありません。

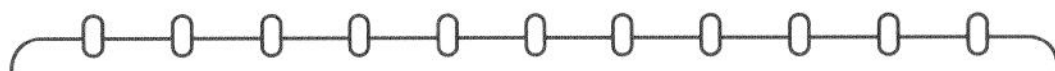

わたしの仕事道具

2Bの鉛筆

以前はパソコンで図面をかいていましたが、スピードを上げるために鉛筆でかいています。スタッフに図面の修正指示を出すときも、鉛筆でかくと、手の動きからも情報を伝えられるので便利です。

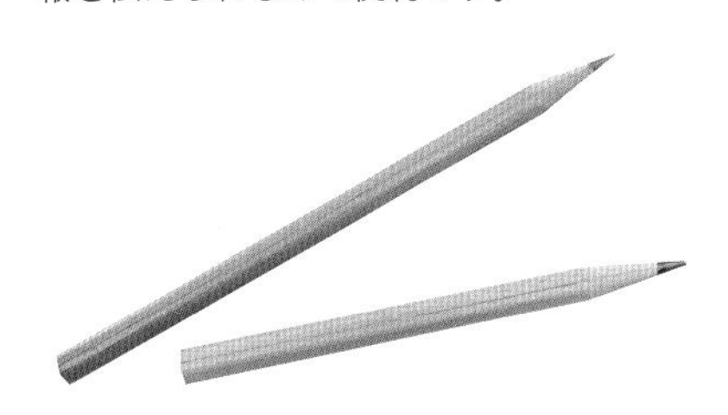

教えてください！

建築家の未来はどうなっていますか？

生命科学や医学、生物学などの異なる分野の専門家と協力して建物を建てているのではないかと思います。生態系や人体といった自然を理解したうえで、それを取り入れた建築を行うようになっているでしょう。

みなさんへのメッセージ

みなさんのなかには石ころを見たり、水たまりを見たり、身のまわりのことをじっくり観察するのが好きな人もいるのではないでしょうか。そうした足元への関心は創造の源です。大人になっても続けてください。

藤野高志さんの今までとこれから

プロフィール

1975年、群馬県高崎市生まれ。2000年東北大学大学院修了後、ゼネコン会社や設計事務所ではたらき、2006年に「生物建築舎」を設立しました。複数の大学で学生に教え、2022年には東北大学の准教授となり、建築設計の研究にも力を注いでいます。

1975年誕生

7歳 昆虫や鳥が好きで、「上空から見下ろしたらどうなのだろう」「水面ギリギリを飛ぶのは気持ちいいかな」などと思いながら絵をかいていた。

13歳 空を飛んでみたいと器械体操を習いはじめる。宇宙やブラックホールに興味をもち、将来は天文学者になろうとぼんやり思っていた。

18歳 進路の適性検査で芸術系が向いていると結果が出る。担任の先生から建築の道をすすめられ、絵をかける建築家の仕事にひかれる。

22歳 東北大学工学部建築科へ進学。卒業設計では、瞬間を切り取った図面や模型に違和感を覚え、漫画と油絵で都市の栄枯盛衰の物語を制作した。

24歳 大手ゼネコン会社に就職。建築家・黒川紀章が設計した「中銀カプセルタワービル」に住み、学校や病院、工場の設計にたずさわる。

今につながる転機

26歳 福島県会津の里山にある設計事務所「はりゅうウッドスタジオ」に転職。移動式の小屋を自作し、自然の移ろいのなか、移動しながらくらす。

30歳 地元の群馬県高崎市に「生物建築舎」を設立。仕事がない日が続いたが、架空の家の図面をかきまくる。

35歳 現在のアトリエ「天神山のアトリエ」を建てる。建築関係のメディアに紹介され、自分の建築が世の中にどう見られるかをはじめて意識する。

現在

48歳 建築コンクールで設計した建築が次々受賞。大学の准教授として学生の指導や研究にも力を入れている。

未来

60歳 大学のネットワークを活かし、生命工学や医学などの異なる分野の専門家と連携して建物を建てたい。

藤野高志さんがくらしのなかで大切に思うこと

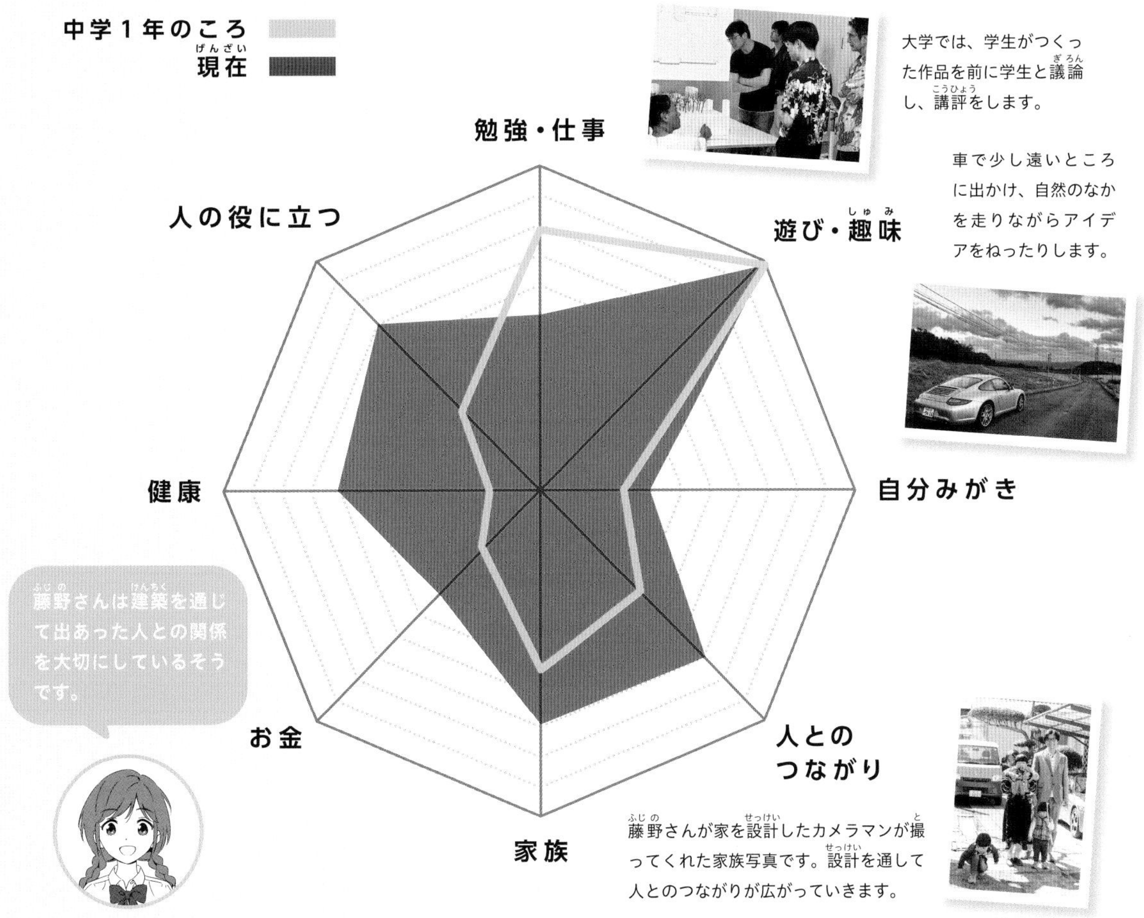

大学では、学生がつくった作品を前に学生と議論し、講評をします。

車で少し遠いところに出かけ、自然のなかを走りながらアイデアをねったりします。

藤野さんが家を設計したカメラマンが撮ってくれた家族写真です。設計を通して人とのつながりが広がっていきます。

©usagitocamera

藤野高志さんが考えていること

身のまわりの人やできごとのなかにチャンスが転がっている

いろいろな状況に身をまかせていたら、建築家になり、今の状況に行きつきました。それまでの人生にはいろいろな人との出あいがあり、そうした人たちから誘いを受けて「おもしろそうだな」と手をのばし、進んでいくことの連続で今があるのです。

大学にいると「自分には何が合っているのか」と、遠くまで情報をさがしに行ったりする学生を見かけます。特に今は情報にあふれているので、情報との距離をはかるのがむずかしいのかもしれません。けれど、遠くまで行かなくても身近なところにたくさんの人やできごとが存在し、チャンスも転がっているのです。身のまわりにあるものにこそ、自分をつくる価値がひそんでいるといえます。わたし自身、今後も身近な人や身のまわりで起きているできごとを大切にしていきたいと思っています。

ジブン未来図鑑 番外編

自然が好き！ な人にオススメの仕事

この本で紹介した、農家、バイオテクノロジー研究者、林業従事者、建築家以外にも、「自然が好き！」な人たちにオススメの仕事はたくさんあります。ここでは番外編として、関連のある仕事をさらに紹介していきます。

▶ 職場体験完全ガイド 5 p.3 とあったら
「職場体験完全ガイド」（全75巻）シリーズの5巻3ページに、その仕事のくわしい説明があります。学校や図書館にシリーズがあれば、ぜひチェックしてみてください。

農業技術者

こんな人が向いている！

- 理科や算数・数学が得意
- 地道にものごとに取り組むことができる
- 最先端の技術に興味がある

こんな仕事

農業分野で研究や技術開発などを行う仕事です。品種改良や肥料・農薬の開発、栽培・飼育技術の改善、農業機械・施設の開発や改良、土地の改良などの技術を研究して実用化をめざします。

農業技術者になるには

大学の農学部などを卒業後、公立の研究機関、農協や種苗会社、農薬・肥料会社などで開発や品質管理を行います。公立の研究機関ではたらくには、公務員試験を受けて合格する必要があります。

▶ 職場体験完全ガイド 33 p.15

庭師

こんな人が向いている！

- 植物の世話をすることが好き
- 体を動かすことが好き
- 観察力が鋭い

こんな仕事

植木の剪定や、草木を害虫から守る消毒をしたり、木の移植や肥料管理をしたりするなど、庭を適切な状態に維持するための手入れをする仕事です。大きな造園業者の従業員としてはたらいたり、個人で庭師を営んだり、はたらき方はさまざまです。

庭師になるには

造園会社の採用試験を受けて入社します。必要な資格はありませんが、はたらきながら国家資格である造園技能士や造園施工管理技士の資格を取得すると、仕事の幅が広がります。

▶ 職場体験完全ガイド 28 p.37

樹木医

こんな人が向いている！

- 植物への興味がある
- 思いやりをもって行動できる
- いろいろな場所に行くのが好き

こんな仕事

天然記念物に指定されているような巨木や、公園や神社などの樹木、個人宅の庭木まで、あらゆる木の病気の診断と治療を行う仕事です。木の病気の予防対策などの指導も行います。

樹木医になるには

樹木医になれるのは、日本緑化センターの研修を受け、資格審査に合格して登録した人のみです。研修を受けるには、樹木の保護・育成に関する5年以上の実務経験が必要となります。まずは庭師などの経験を積むことが必要です。

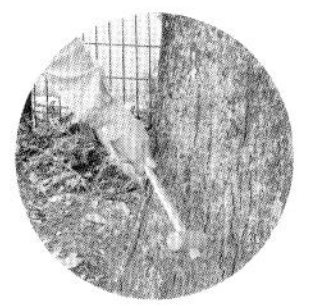

職場体験完全ガイド 15 p.3

花屋さん

こんな人が向いている！

- 花が好き
- 人に喜んでもらうことが好き
- 早起きが苦にならない

こんな仕事

店頭で花を売ったり、お客さまの要望や目的、予算に合わせて花束をつくったりする仕事です。花市場での花の仕入れや鮮度を維持する保管のほか、花の配達などの業務もあります。フラワーアレンジメントを行うこともあります。

花屋さんになるには

高校・大学を卒業後、フラワーショップに就職します。都道府県ごとに試験を実施するフラワー装飾技能士などの資格があると役立ちます。フラワーアレンジメントや生花の知識があると便利です。

職場体験完全ガイド p.27

漁師

こんな人が向いている！

- 海やプールで泳ぐのが好き
- チームプレーが得意
- 規則正しい生活を送っている

こんな仕事

船で漁場へ向かい、魚介類をとる仕事です。漁業には遠洋漁業、沖合漁業、沿岸漁業があり、遠洋漁業は長期にわたり広く海をめぐります。沖合漁業は日本近海を主な漁場とし、日帰りから数週間の操業を行います。沿岸漁業は多くの場合は日帰りの操業で、地元の漁業協同組合に加入する必要があります。

漁師になるには

遠洋漁業は経験がなければ就業することはむずかしいですが、沖合漁業や沿岸漁業は、未経験でも漁の修業からはじめられる場合があります。

職場体験完全ガイド 16 p.13

エコツアーガイド

こんな人が向いている！

- 動物や植物が好き
- 人と接することが好き
- 人にものごとを教えることが得意

こんな仕事

自然散策ツアーを企画したり、お客さまをツアーに案内して、コースを歩きながら草木や動物、昆虫などの解説をしたり、生態系の仕組みのすばらしさや、自然との付き合い方などを教える仕事です。

エコツアーガイドになるには

高校や大学を卒業後、旅行会社や自然保護団体ではたらきます。海洋野生生物協会（OWS）が実施するネイチャーガイドトレーニングコースや、自然保護協会が認定する、自然観察指導員の講習会に参加すると就職に有利です。

職場体験完全ガイド p.35

風力発電エンジニア

（こんな人が向いている！）

- SDGsに関心がある
- コンピューターをあつかうのが得意
- 細かな作業を器用にこなせる

（こんな仕事）

日本でも地球温暖化の原因となる二酸化炭素を排出しない風力発電所が増えています。発電所の設計、開発を行うエンジニア、その部品を開発するエンジニア、設備の運用、点検、修理などを行うエンジニアなど、さまざまな技術者がかかわっています。

（風力発電エンジニアになるには）

高校卒業後に、大学で物理学、工学、気象学、地質学、生態学などの専門知識を学びましょう。風力発電所の開発・運用などにかかわる企業に就職して、風力発電エンジニアとしてはたらきます。

▶職場体験完全ガイド 15 p.27

NASA研究者

（こんな人が向いている！）

- 宇宙に興味がある
- 環境の変化に対応できる
- 英語の勉強が好き

（こんな仕事）

米国航空宇宙局（NASA）は、航空と宇宙に関する研究を行うアメリカの政府機関です。研究部門では、宇宙開発や探査の技術や、宇宙で起こっている現象についてなど、さまざまな研究を行っています。研究者はそれぞれの専門分野の研究に従事します。

（NASA研究者になるには）

NASAに応募するには、アメリカの市民権が必要です。ただし日本人でも、研究の業績があれば招かれたり、宇宙航空研究開発機構（JAXA）の職員であれば派遣されたりするケースもあります。

▶職場体験完全ガイド 56 p.3

「職場体験完全ガイド」で紹介した仕事

「自然が好き！」な人が興味を持ちそうな仕事をPICK UP！

こんな仕事も…

冒険家／登山家／地盤調査員／環境コンサルタント／ビオトープ管理士

関連のある仕事や会社もCHECK！

関連のある仕事

関連のある会社

ジブン未来図鑑番外編

自然が好き！

未来予想1

「スマート農業」をはじめとしてAIやロボットが活用される

品質の高い農産物を効率よくつくるために、**デジタルツールの力を借りた「スマート農業」がすでにはじまっています。**収穫にロボットを使ったり、農薬散布にドローンを用いたりと、デジタルツールをたくさん活用する時代がやってきます。漁業の養殖や林業の植樹でも、ロボットやAIが活用されるようになるでしょう。

また、**AIが農業・漁業・林業の経験や技術をデータとして蓄積する**ようになります。これからは、AIからやり方を学びながら、仕事をするようになるかもしれません。

未来予想2

自然環境を守っていくための新しい仕事が登場

今後は、自然環境を守るための仕事が増えていくと予測されています。太陽光やバイオマスよりも、より**効率のいい自然エネルギーを発見し、活用していく**ことが、自然にかかわる仕事では重視されていくでしょう。

まちづくりも変わっていきます。家は3Dプリンタで、CO_2を排出せずに24時間以内でつくれるようになります。道路や建物を緑化し、さらには街で生物と共存できるようにするなど、**人間のくらしを変えていく仕事が増えそうです。**

これから注目の職業!!

変動する気候や環境に合った作物の品種を、**バイオテクノロジー研究者**がつくり出すようになります。世界人口が増え、食料難が起こりそうなときにも、新しい品種を生み出して貢献することができるでしょう。また、人間と生物が共存できるような家やまちをつくる**建築家**も、注目の職業です。

未来のために身につけておきたい3つのスキル

1 自然の変化を観察し問題に気づける能力

どんなにデジタル化が進んでも、自分の目で自然の変化を観察することが必要です。自然の状況を正しくつかみ、何が問題か気づけるようになりましょう。

2 柔軟な考えを生み出す幅広い知識

自然とデジタル技術をどのように組み合わせるかを、より柔軟に考えられる力がもとめられます。さまざまな分野の勉強をして、知識をたくわえておきましょう。

3 困難なことにもコツコツとがんばれる力

環境・エネルギー問題には、長い期間にわたって取り組まなくてはなりません。あきらめずにコツコツと努力できる力を身につけておきましょう。

取材協力

一関地方森林組合
大塚なえや
株式会社 生物建築舎
東北大学
理化学研究所 バイオリソース研究センター
－植物－微生物共生研究開発チーム

スタッフ

イラスト	加藤アカツキ
ワークシート監修	株式会社 NCSA
	安川直志（キャリアデザインアドバイザー）
	安川志津香(キャリアデザインアドバイザー)
編集・執筆	青木一恵
	嘉村詩穂
	桑原順子
	菅原嘉子
	田口純子
	前田登和子
校正	菅村薫
	別府由紀子
撮影	糸井康友
	大森裕之
デザイン	パパスファクトリー
編集・制作	株式会社 桂樹社グループ
	広山大介

ジブン未来図鑑 職場体験完全ガイド＋ 12 自然が好き！

農家・バイオテクノロジー研究者・林業従事者・建築家

発行　2024年4月　第1刷

発行者　加藤 裕樹
編集　湧川 依央理、柾屋 洋子
発行所　株式会社 ポプラ社
〒141-8210
東京都品川区西五反田3-5-8
JR目黒MARCビル12階
ホームページ　www.poplar.co.jp（ポプラ社）
kodomottolab.poplar.co.jp（こどもっとラボ）
印刷・製本　図書印刷株式会社

あそびをもっと、まなびをもっと。
こどもっとラボ

ISBN978-4-591-18091-4
N.D.C.366／47P／27cm
Printed in Japan